大学生生态文明教育论

◎ 骆清 著

湘潭大学出版社

图书在版编目(CIP)数据

大学生生态文明教育论 / 骆清著. — 湘潭 : 湘潭
大学出版社,2021.5
ISBN 978-7-5687-0560-8

I．①大… Ⅱ．①骆… Ⅲ．①大学生－生态文明－高
等学校－教材 Ⅳ．① X321.2

中国版本图书馆 CIP 数据核字 (2021) 第 098022 号

大学生生态文明教育论
DAXUESHENG SHENGTAI WENMING JIAOYULUN

骆清 著

责任编辑: 刘文情
封面设计: 张　波
出版发行: 湘潭大学出版社
社　　址: 湖南省湘潭大学工程训练大楼
电　　话: 0731-58298960 0731-58298966 (传真)
邮　　编: 411105
网　　址: http://press.xtu.edu.cn/
印　　刷: 广东虎彩云印刷有限公司
经　　销: 湖南省新华书店
开　　本: 710 mm×1000 mm 1/16
印　　张: 13.5
字　　数: 240 千字
版　　次: 2021 年 5 月第 1 版
印　　次: 2021 年 5 月第 1 次印刷
书　　号: ISBN 978-7-5687-0560-8
定　　价: 46.00 元

教育部人文社会科学基金项目研究成果

湖南省职业教育精品课程"形势与政策"项目成果

序　言

　　建设生态文明是关系人民福祉、关乎民族未来的大计，是实现中华民族伟大复兴的重要内容。经过 40 多年改革开放的快速发展，我国经济建设取得举世瞩目的历史性成就，但是也要看到，与此同时我们也积累了一些生态环境问题，降低了老百姓的获得感、幸福感和安全感。习近平总书记在讲话中多次指出：生态环境没有替代品，用之不觉，失之难存。必须清醒认识保护生态环境、治理环境污染的紧迫性和艰巨性，清醒认识加强生态文明建设的重要性和必要性，以对人民群众、对子孙后代高度负责的态度，全面推进生态文明建设，使青山常在、绿水长流、空气常新，让人民群众在良好生态环境中生产生活。

　　骆清同志是我的学生，在长期的思想政治教育教学与科研实践中，他能结合中国特色社会主义伟大事业的时代进程，围绕一些热点问题展开深入研究，并将研究成果运用到教学过程中，体现了一个思想政治理论课教师的时代担当。为了大力推进党中央提出的加强生态文明建设，他从本职工作出发，申报立项了教育部人文社会科学基金项目"大学生生态文明教育研究"，并将项目的研究成果运用到其主持的湖南省职业教育精品课程"形势与政策"中，借助这一在线开放学习平台在大学生中广泛开展有关生态文明的教育，累计有 2.1 万余名学生进行了 600 多万次在线学习，对深入宣传习近平生态文明思想，提升大学生生态文明素养起到了良好的促进作用。经过三年多的不断完善后，他现在将相关研究成果以专著的形式呈现出来，应该是一件很有意义的事情。

　　研究大学生生态文明教育问题，应该在明确研究目的的基础上，确定好研究内容的重点和论文结构的框架，解决好问题研究的合理定位，通过科学有效的研究方法实现研究成果的创新。

　　大学生生态文明教育是高校思想政治教育的重要组成部分，对大学生生态文明教育深入研究的过程，也是完善和丰富高校思想政治教育的过程，目的是解决好当前大学生生态文明教育面临的理论和实践问题，从而提升我国生态文明教育的实效。为了实现上述目的，该书立足大学生这一特定对象，针对"是什么、为什么、怎么样、教什么和怎样教"几个基本问题深入探讨大学生生态文明教育的基本内涵、时代价值、理论基础、现状问题、目标内容和方法途径。在理论上，试图在高校思想政治教育的框架中构建大学生生态文明教育的理论体系，从理论研究的角度解决思想认识方面存在的不足。在实践上，通过对我国大学生生态文明素养现状的调查分析来探讨产生问题的原因，在借鉴国外环境教育经验的基础上，把握其发展趋势，提出对策建议，以促进大学生生态文明教育有效开展。

　　该书主要从以下三个相互联系、依次递进的部分展开论述。

　　1. 生态文明教育的基本内涵和时代价值问题研究。该书从最基本的概念界定入手，通过比较分析的方法，围绕生态文明思想的内涵和外延，深入挖掘生态文明思想的理论渊源，全面概括生态文明思想的丰富表现，从而把生态文明教育与环境教育、可持续发展教育、生态道德教育等概念区分开来。在此基础上，围绕生态文明教育的功能和目的阐述其重大的时代价值，基本解决生态文明教育"是什么，为什么"的两个奠基性问题。

　　2. 大学生生态文明教育的理论和现实依据问题研究。作为社会主义高校思想政治教育的组成部分，大学生生态文明教育的开展必须以马克思主义的生态思想、思想政治教育的基本原理与方法理论为理论依据，广泛借鉴生态学、生态伦理学等相关学科知识。同时，基于全球化的研究视野，通过分析国外环境教育的历史与现状，概括其鲜明的特点，思考其对我们的启示，也为我国大学生生态文明教育提供了重要借鉴。该书采取社会科学常用的调查研究法，通过网络调查的形式，对当代大学生生态文明素养的基本现状进行客观全面地分析。以此为基础，针对大学生生态文明素养存在的问题，从社会环境、家庭生活、高校教育和大学生自身的个人修养等几个方面进行归因分析，以便有针对性地采取措施。

　　3. 大学生生态文明教育的目标内容和方法途径问题研究。大学生生态文明教育研究的重点就是要解决"教什么，怎样教"的问题。为此，该书首先对大学生生态文明教育进行了目标审视，确立了"培养大学生强烈的生态意识、引导大学生文明的生态行为、塑造大学生健全的生态人格"三大目标。围绕这三大目标的实现，试图构建起由生态自然观教育、生态发展观教育、生态消费观教育、生态道德观教育和生态法制观教育为主体组成的大学生生态文明教育的内容体系。在大学生生态文明教育的方法创设和途径拓展方面，既强调以课堂教育为核心的基本方法系列，又突出以生态体验为重点的特色方法系列，既倡导显性途径的有效继承，又呼吁隐性途径的不断创新，更重视协同性途径的综合运用，以形成强大的教育合力。

该书在研究过程中，遵循社会科学研究的一般范式，主要综合运用了以下方法进行研究。

1. 文献研究法。科学研究离不开对前人的学习和对他人的借鉴，该书从选题到撰写的过程中，一直着力于从以下几个方面进行文献研究。一是认真研读马克思主义经典原著，在系统掌握马克思主义世界观和方法论的基础上，重点关注马克思主义经典作家表达的生态思想，并对其进行归纳提炼，以作为该研究的理论基础，从而保证研究结果符合马克思主义基本原理。二是对思想政治教育基本原理和方法理论的深入学习，通过对国内思想政治教育学科著名学者重点著作的仔细研读，运用本学科已有的成果作为研究的基础，使该书在形式上体现本学科的话语体系，在内容上坚持与本学科的研究范式的一致性，在整体上保证研究成果的学科属性。三是通过网络、报刊、图书等途径广泛收集国内外的相关研究资料、分析和整理国内外相关研究动态，努力做到了研究资料的广泛性、新颖性，为系统研究大学生生态文明教育提供了扎实的理论借鉴和参考依据，确保了研究成果的创新性。

2. 调查研究法。基于理论联系实际的研究思路，为了突出社会科学研究的问题导向，该书在强调通过文献研究法进行理论分析的同时还特别注意调查研究法的运用。著者通过科学设计调查问卷，采取网络调查的有效形式，运用先进的方法对调查数据进行分析统计，在广泛开展调查研究的基础上，准确把握大学生生态文明素养的现状、问题和原因，并以此作为进一步研究的现实基础和实践依据。

3. 比较分析法。比较分析法是通过将某一事物与其他事物进行比较分析，从而深化对其认识的有效研究方法。该书通过将生态文明教育与环境教育、生态德育等相关概念进行对比分析，准确把握其内涵和外延。通过对有关生态文明教育（西方国家一般称之为环境教育）传统与现代的纵向比较，以及西方与中国的横向比较研究，把握生态文明教育的发展脉络和未来走向，以此为基础，构建起独具特色、逻辑严谨的大学生生态文明教育的理论体系。

4. 综合分析法。大学生生态文明教育研究是高校思想政治教育对党中央提出的生态文明建设这一时代要求的积极回应，必须坚持用马克思主义中国化的最新理论成果统领研究过程，综合运用马克思主义理论、思想政治教育学等学科的基本原理和方法理论。该书通过综合分析国内外环境教育、可持续发展教育以及生态德育理论与实践上的经验和不足，从多角度对大学生生态文明教育展开深入论述，以保证研究成果的科学性。

应该说，自从生态文明建设提出以来，国内学者们对生态文明教育的研究成果还是比较丰富的，但在研究的理论性、系统性等方面还有待进一步加强。该书以习近平生态文明思想为根本遵循，在思想政治教育学的理论指导下，力求构建生态文明教育的新思路，其特色主要体现在以下三个方面：

1. 选题遵循新时代的需求。该书从积极回应我国生态文明建设的时代需求入手，以习近平生态文明思想为指导，对大学生生态文明教育做了深入研究，具有鲜明的时代特色。生态文明教育既不同于国外的环境教育，也不限于国内广大学者关注的生态道德教育，而是一种以习近平生态文明思想为核心的生态文明思想体系的教育。大学生的生态文明素养水平的高低将对国家和民族未来的发展方向产生深远影响，这种立意相比现有研究水平具有一定的思想先进性。

2. 生态文明教育内容的创新。该书在对大学生生态文明素养现状进行调查分析的基础上，就大学生生态文明教育的目标审视和内容建构进行系统的整合与挖掘，提出了一些不同于已有成果的新观点。如从培养大学生的生态意识、引导大学生的生态行为、塑造大学生的生态人格三个维度定位大学生生态文明教育的目标，通过从以人与自然关系为核心的生态自然观教育、以绿色发展为核心的生态发展观教育、以低碳消费为核心的生态消费观教育、以生态伦理为核心的生态道德观教育和以环境保护为核心的生态法制观教育等五个方面，进一步整合大学生生态文明教育的内容等，追求研究成果的理论系统性。

3. 教育途径和方法的创新。生态文明教育的自身特点，对其教育途径和方法提出了更高的要求。该书结合大学生生态文明教育的目标和内容，在方法创设和途径拓展方面有所创新。强调大学生生态文明教育需要在方法论上着力，既要创造性转化以课堂教育为核心的基本方法系列，又要创新性发展以生态体验为重点的特色方法系列。还要在教育途径上通过显性途径的有效继承、隐性途径的不断创新和协同性途径的综合运用来实现有效拓展。大力推进"课程思政"教学改革，将生态文明教育贯穿高校课堂教学全过程，发挥各类课程在生态文明教育中的作用，注意社会化、网络化等隐性途径的创新，通过协同整合和环境优化，增强大学生生态文明教育的实际有效性。

当然，思想政治教育的理论研究与工作实践是没有止境的，骆清同志属于中年骨干，今后还有很长的路要走，希望他再接再厉，将来作出更多更大的贡献。

中南大学博士生导师　刘新庚
2021 年 3 月于岳麓山

目 录

第一章 大学生生态文明教育的时代背景 ……………………………………………… （1）
　　一、建设生态文明的时代要求 ……………………………… （2）
　　二、生态危机严重的问题倒逼 ……………………………… （3）
　　三、生态文明教育的现实需求 ……………………………… （3）

第二章 大学生生态文明教育研究基本现状 ……………… （6）
　　一、国外相关理论研究概况 ………………………………… （6）
　　二、国内相关理论研究概况 ………………………………… （9）
　　三、大学生生态文明教育研究述评 ………………………… （13）

第三章 大学生生态文明教育的科学内涵 ………………… （15）
　　一、大学生生态文明教育的含义 …………………………… （15）
　　二、大学生生态文明教育的思想渊源 ……………………… （18）
　　三、大学生生态文明教育的活动实质 ……………………… （30）

第四章 大学生生态文明教育的时代价值 ………………… （34）
　　一、贯彻"五位一体"总体布局的需要 …………………… （35）
　　二、坚持人与自然和谐共生的需要 ………………………… （36）
　　三、促进人的全面发展的需要 ……………………………… （37）

第五章 大学生生态文明教育的理论基础 ………………… （39）
　　一、马克思主义的生态思想 ………………………………… （39）
　　二、思想政治教育相关原理与方法 ………………………… （52）

　　三、生态学与生态伦理学相关理论 ……………………………… （55）

　　四、西方马克思主义有关生态思想的批判与借鉴 …………… （64）

第六章　大学生生态文明素养的调查及分析 ……………… （71）

　　一、问卷调查 ………………………………………………………… （71）

　　二、数据分析与现状梳理 ………………………………………… （72）

　　三、大学生生态文明素养问题的归因分析 …………………… （78）

第七章　大学生生态文明教育的目标审视 ………………… （89）

　　一、内化于心，培养大学生强烈的生态意识 ………………… （90）

　　二、外化于行，引导大学生文明的生态行为 ………………… （92）

　　三、日用不觉，塑造大学生健全的生态人格 ………………… （94）

第八章　大学生生态文明教育的内容建构 ………………… （98）

　　一、以人与自然为核心的生态自然观教育 …………………… （98）

　　二、以绿色发展为核心的生态发展观教育 ………………… （100）

　　三、以低碳消费为核心的生态消费观教育 ………………… （105）

　　四、以生态伦理为核心的生态道德观教育 ………………… （106）

　　五、以环境保护为核心的生态法制观教育 ………………… （109）

第九章　大学生生态文明教育的方法创设 ……………… （111）

　　一、以课堂教学为核心的基本方法系列 …………………… （111）

　　二、以生态体验为重点的特色方法系列 …………………… （127）

　　三、以混合式教学为模式的新方法探索 …………………… （136）

第十章　大学生生态文明教育的途径拓展 ……………… （141）

　　一、显性途径的有效继承 ………………………………………… （141）

　　二、隐性途径的不断创新 ………………………………………… （143）

　　三、协同性途径的综合运用 …………………………………… （151）

第十一章　国外环境教育对大学生生态文明教育的启示 ……………（165）

　　一、国外环境教育的历史与现状 ………………………………（165）

　　二、国外环境教育的特点 ………………………………………（167）

　　三、国外环境教育的启示 ………………………………………（170）

结　语 ………………………………………………………………（173）

参考文献 ……………………………………………………………（175）

附录一　大学生生态文明素养现状调查问卷 ……………………（181）

附录二　习近平关于青年工作的重要论述 ………………………（185）

后　记 ………………………………………………………………（201）

第一章 大学生生态文明教育的时代背景

在我们所处的新时代，世界正面临百年未有之大变局，人类文明发展遭遇了新挑战，也面临着新机遇。人类从来没有像现在这样关注过生态问题。如果说《寂静的春天》展现的是少数先知的远见卓识，那么现在全球气温变暖、雾霾天气的烦恼成了每个人生活中挥之不去的阴影。无论是政府官员、专家学者还是社会大众都在思考我们应该采取什么样的措施才能应对日益严峻的生态危机，改善我们的生存环境。

人与自然的关系是人类社会最基本的关系。自然界是人类社会产生、存在和发展的基础和前提，人类则可以通过社会实践活动有目的地利用自然、改造自然。但人类归根到底是自然的一部分，在开发自然、利用自然中，人类不能凌驾于自然之上，人类的行为方式必须符合自然规律。人与自然是相互依存、相互联系的整体，对自然界不能只讲索取不讲投入、只讲利用不讲建设。保护自然环境就是保护人类，建设生态文明就是造福人类。

保护生态环境已成为全球共识，建设生态文明是关系人民福祉、关乎民族未来的大计，是实现中华民族伟大复兴的中国梦的重要内容。

中国共产党一贯高度重视生态文明建设。20 世纪 80 年代初，我们就把保护环境作为基本国策。进入新世纪，又把节约资源作为基本国策。经过 40 多年的快速发展，我国经济建设取得历史性成就，同时也积累了大量生态环境问题，成为明显的短板。各类环境污染呈高发态势，成为民生之患、民心之痛。随着社会发展和人民生活水平不断提高，人民群众对干净的水、清新的空气、安全的食品、优美的环境等的要求越来越高，生态环境在群众生活幸福指数中的地位不断凸显，环境问题日益成为重要的民生问题。老百姓过去"盼温饱"，现在"盼环保"；过去"求生存"，现在"求生态"。习近平总书记指出："环境就是民生，青山就是美丽，蓝天也是幸福。要像保护眼睛一样保护生态环境，像对待生命一样对待生态环境，把不损害生态环境作为发展的底线。"① 生态环境没有替代品，用之不觉，失之难存。保护生态环境，功在当代、利在千秋。必须清醒认识保护生态环境、治理环境污染的紧迫性和艰巨性，清醒认识加强生态文明建设的重要性和必要性，以对人民群众、对子孙后代高度负责的态度，加大力度，攻坚克难，全面推进生态文明建设，使青山常在、绿水长流、空气常新，让人民群众在良好生态环境中生产生活。

一、建设生态文明的时代要求

习近平总书记在党的十九大报告中指出："生态文明建设功在当代、利在千秋。我们要牢固树立社会主义生态文明观，推动形成人与自然和谐发展现代化建设新格局，为保护生态环境作出我们这代人的努力！"② 正如党的十八大报告所指出的："建设生态文明，是关系人民福祉、关乎民族未来的长远大计。面对资源约束趋紧、环境污染严重、生态系统退化的严峻形势，必须树立尊重自然、顺应自然、保护自然的生态文明理念，把生态文明建设放在突出地位，融入经济建设、政治建设、文化建设、社会建设各方面和全过程，努力建设美丽中国，实现中华民族永续发展。"③ 显而易见，要实现中华民族伟大复兴，在科学发展观的指导下，大力推进生态文明建设已是时代所需和历史的必然。思想政治教育要顺应时代的发展，就不能仅仅把目光停留在人与人、人与社会的关系上，而是要通过积极开展生态文明教育，坚持以全面、协调、可持续的观念研究经济、社会发展中如何处理好人与环境的关系，及时为生态文明建设的推进提供精神动力。把生态文明教育纳入思想政治教育的内容体系，"不仅是思想政治教育对现实政治、经济生活变化的一种回应，还是思想政治教育服务国家政治、经济生活的客观要求，是思想政治教育践行党中央要求思

---

① 习近平. 决胜全面建成小康社会 夺取新时代中国特色社会主义伟大胜利——在中国共产党第十九次全国代表大会上的报告［N］. 人民日报，2017 – 10 – 28（1）.

② 习近平. 决胜全面建成小康社会 夺取新时代中国特色社会主义伟大胜利——在中国共产党第十九次全国代表大会上的报告［N］. 人民日报，2017 – 10 – 28（1）.

③ 胡锦涛. 坚定不移沿着中国特色社会主义道路前进为全面建成小康社会而奋斗［M］. 北京：人民出版社，2012：41.

想政治教育提高针对性和有效性的具体体现"。① 因此，加强大学生生态文明
教育研究是思想政治教育对"建设生态文明"时代要求的积极回应。

二、生态危机严重的问题倒逼

2015 年 1 月 28 日，媒体报道清华大学校长陈吉宁被任命为环保部党组书
记时说道："他所面对的环境问题，北京的雾霾，河北的烟囱，内蒙古被排污
的沙漠，蔓延西北地区的荒漠化，遍及中国的白色污染、水土流失、生物多样
性破坏……即使在世界范围内，都是让人头疼的难题。"② 随着国家层面对生
态问题的重视，公众对环保问题的日益关注，大家认识到，中国特色社会主义
现代化建设在经过改革开放 40 多年的高速增长后，在生态上付出了沉重的代
价。生态危机不但制约了我国社会经济的可持续发展，而且影响到公民的身体
健康和生活质量，甚至威胁到我们的生存，这些问题倒逼我们马上采取有效措
施进行应对处理。而生态危机的缓解和抑制，不仅需要正确价值预设下科学技
术的应用和制度层面上生态环境法律法规的维护，更需要思想层面的价值引导
和生态道德的教化。党和政府加强生态文明宣传教育，在全民中牢固树立生态
意识就成为必然要求。青年大学生是时代变化的晴雨表，是社会价值观念中具
有超前性和先导性的重点群体。青年大学生的价值观念是整个社会价值观念变
迁的一种敏感的折射，更是社会意识形态变迁的缩影。因此，加强大学生生态
文明教育不但是生态文明建设题中应有之义，而且是当务之急、重中之重。

三、生态文明教育的现实需求

生态文明建设作为建设中国特色社会主义现代化"五位一体"总布局中
不可或缺的组成部分，已经得到党和政府的高度重视以及社会大众的广泛关
注。加强大学生生态文明教育的研究，势必成为思想政治教育理论探讨的前沿
性问题。大学生生态文明教育应该坚持问题导向，立足我国正在推进的生态文

---

① 刘文煜. 把生态道德教育纳入内容体系是科学发展观对思想政治教育的时代要求
[J]. 理论与改革. 2006（2）.

② 清华大学校长陈吉宁任环保部书记［EB/OL］. http：//news. qq. com/a/20150128/
065241. htm.

明建设时代背景，从加强和改进高校思想政治教育的角度出发，厘清大学生生态文明教育的基本内涵、挖掘其理论基础，探索其国外借鉴，结合大学生生态文明素养的实际现状，深入思考大学生生态文明教育的目标审视、内容建构、方法创设和途径拓展，通过理论结合实际的研究，为高校开展生态文明教育提供理论支撑和实践方案。

（一）对于推进我国生态文明建设的战略意义

党的十八大报告明确提出"全面落实经济建设、政治建设、文化建设、社会建设、生态文明建设五位一体总体布局"，并且在报告的第八部分专门论述"大力推进生态文明建设"时指出"建设生态文明，是关系人民福祉、关乎民族未来的长远大计"，要求"加强生态文明宣传教育，增强全民节约意识、环保意识、生态意识，形成合理消费的社会风尚，营造爱护生态环境的良好风气"。[①] 生态文明建设固然需要经济发展方式的转变、科学技术的创新、制度的有效设计与安排，但在根本上还必须付诸全体公民思想观念的深刻转变和生态素质的养成，而这离不开教育的重要作用。作为高校思想政治教育工作者，在贯彻落实党的十八大会议精神的过程中，我们认识到加强大学生的生态文明教育已成为高校思想政治教育在新形势下的重要任务。因为作为一项长期的、艰巨的系统工程，生态文明建设必须借助于全民之力才能办好，必须把生态文明建设的要求转化为广大人民的自觉行动。毫无疑问，大学生作为中国特色社会主义伟大事业的建设者和接班人，没有他们在生态文明建设中的积极参与，就没法保证党的"五位一体总体布局"的战略目标顺利实现。

（二）对于促进思想政治教育学科发展的理论意义

思想政治教育学科从 1984 年设立以来，经过 30 多年的发展，已经硕果累累。作为一门有着强烈意识形态属性的年轻的社会科学，它必然随着社会环境和政治需求的发展变化而不断拓展和完善。诸如对心理健康教育的关注和网络德育的跟进都体现了思想政治教育学科对传统的不断超越。在党中央提出加强生态文明建设的时代背景下，生态文明究竟是什么？有关生态文明的宣传教育

---

① 胡锦涛. 坚定不移沿着中国特色社会主义道路前进为全面建成小康社会而奋斗 [M]. 北京：人民出版社，2012：41.

如何去进行？这些问题作为思想政治教育学科新的命题，在理论上需要进一步深入探索。在学术界，有关提法如生态德育、生态素质教育、生态教育、生态文明教育……不一而足，它们之间的价值取向和目标向度肯定存在一些差别，学者们在广泛开展研究的同时，并没有形成比较统一的认识。加强"大学生生态文明教育"的研究，有利于进一步厘清相关概念的基本要义，处理好生态文明教育与生态德育、生态素质教育、环境教育和思想政治教育的关系，从而促进思想政治教育的学科建设，更好地为生态文明建设提供理论支撑。

（三）对于提升高校人才生态意识培养的现实意义

在我国，自从 20 世纪 70 年代以来，就开展了环境保护的相关教育，但总体来说，生态文明宣传教育还处于碎片化、零散化的起步状态，没有形成工作系统，没有形成教育合力，教育效果自然不太理想。大学生作为中国特色社会主义现代化建设的中坚力量，其生态意识的高低对我国生态文明建设目标的实现，以及人的全面发展有着至关重要的作用。针对目前普遍存在的"大学生环保基础知识不够全面，节约意识薄弱，生态实践行为不容乐观，自我约束力差，高校生态文明教育缺失，校园生态环境硬件设施建设相对缺乏。生态环保活动开展较少，且流于形式，师资水平有待提高，学校管理力度不够"① 等问题，加强"大学生生态文明教育"的研究，有利于进一步详细掌握大学生生态文明素养方面存在的问题及其内在原因，从而进一步完善大学生生态文明教育的方法与途径，以培养出符合生态社会发展需要的人才，切实推进我国社会主义生态文明建设。

---

① 李晓敏．高校生态文明教育研究［D］．安徽农业大学，2010.

第二章 大学生生态文明教育研究基本现状

自从 2007 年党的十七大报告提出"建设生态文明"的概念后，国内学术界就大学生的生态文明教育问题进行了广泛的研究，尤其是党的十八大召开后，研究成果呈现出不断增长的趋势。就大学生生态文明教育的研究内容而言，目前国内学者们的研究主要集中在其概念和内涵、重要性与必要性、内容、方法和途径等方面。围绕大学生生态文明教育这一研究主题，通过对收集到的资料进行归纳整理，国内外相关研究的文献分析综述如下：

一、国外相关理论研究概况

在国外，既没有思想政治教育的概念，也没有生态文明教育的提法，其相关研究主要集中于环境教育、绿色教育等方面，其中尤其是有关环境教育的相关目标及其模式的探讨，对我国进行生态文明教育的研究有一定参考价值。[①]考虑到后文还会就国外环境教育的借鉴进行阐述，现重点就国外关于环境教育及相关研究进行分析。

（一）关于"环境教育"概念和内涵的研究

众所周知，国外开展环境教育理论研究与实践探索远远早于国内。Environmental Education（环境教育）一词最早是由英国环保学家托马斯·普里查德（Thomas Pritchard）在 1948 年国际自然保护和自然资源联盟（The International Union for the Conservation of Nature and Natural Resources）成立总会上提出的。当时，环境问题已经成为日益升温的热点问题逐渐为人们所认识，"在教育中整合入'环境'的维度，重新确立教育的目的与理念是现实向人类提出的挑战"。[②] 环境教育应运而生。但在国外，环境教育的概念和内涵也是不

---

① 郭昭君．高校生态德育研究［D］．上海大学，2013．
② 王燕津．环境教育概念演进的探寻与透析［J］．比较教育研究，2003（1）．

断发展变化的，它不但整合了"资源管理教育、能源教育、发展教育、人口教育"等相近的关注点，还拓展了如代际公平问题、环境权问题、污染转移、环境和资源引起的战争、地方环境与全球环境的关系问题等内涵。至于"环境教育"究竟是什么，国外学界众说纷纭、莫衷一是，至今尚未形成定论，其中最具有代表性的观点是国际自然保护联盟与联合国教科文组织在 1970 年的一次会议上提出的："环境教育是一个认识价值和澄清概念的过程，这些价值和概念是为了发展和评价人及其文化、生态环境之间相互关系所必需的技能与态度。环境教育还促使人们对环境质量问题做出决定，对本身的行为准则做出自我的约束。"① 它表明环境教育不仅是知识的教育，也是价值观教育和技能教育的综合。

（二）关于"环境教育"目标的研究

最早为环境教育目标做出精确定义的是 1969 年美国密歇根大学的威廉姆·贝尔·斯泰普。他指出："环境教育的目标是培养这样一种公民，他们拥有关于生物自然界知识，了解与之相关联的问题，知道如何解决问题，并具有投身问题解决的动机。"② 这里提出环境教育的目的，不仅要重视知识与技能的培养，更重要的是强调公民对环境现实问题的关注和参与。美国著名环境教育学家哈洛德·阿·亨格福德从事环境教育 50 多年，著有《环境教育课程开发过程》《中学环境教育课程模式》《环境教育师资培训策略》等颇有影响的环境教育著作。1980 年他在《环境教育月刊》上发表了《环境教育课程的发展目标》，为环境教育提出更加明确的目标："环境教育是帮助公民成为具有环境知识、拥有技能、具有献身精神的公民。这样的公民，无论是个人或集体，都志愿为获得维持生活质量与环境质量的动态平衡而努力工作。"③ 简洁地把环境教育的目标归纳为"知识、技能、精神"三个方面。《将环境教育带入 21 世纪》一书认为：环境教育的目标就是"通过正式和非正式教育和培

---

① Joy A, Palm&Philip Neal. The Handbook of Environmental Education, London: Routledge, 1994.

② Environmental Education Introduction, Perspectives—Foundations of EE, http://www.ee—link. org/EE Introduction.

③ JoyA, Palm. Environmental Education in the 21Century: Theory, Practice, Progress and Promise, London: Routledge, 1998

训，慢慢向各年龄层次人们灌输可持续发展和负责任的全球公民的概念；发展、更新和强化他们在家中、工作中以及全部生活中处理环境和发展问题的能力"，强调可持续发展的理念和处理环境问题的能力。

（三）关于"环境教育"模式的研究

怎样开展有效的环境教育也是国外学者研究比较多的一个问题。英国环境教育学者亚瑟·卢卡斯在 1972 年撰写并修订出版的博士学位论文《环境与环境教育：概念问题与课程含义》中提出了环境教育的经典模式，即"关于环境的教育（education about the environment）、在环境中的教育（education in the environment）以及为了环境的教育"（education for the environment）。他指出，环境教育即内容是关于环境的，目的是为了环境保护的，而教学则是在环境中进行的。[①] 他认为，环境教育并不等同于其中任何一个部分，而是主张将三者中的任何二者或三者全部结合起来。"关于环境的教育"旨在让个人对环境有所了解，"为了环境的教育"旨在帮助具有特定目的的保护或改善环境（这其中包括解决问题的能力及决心）。[②] 卢卡斯模式超越了知识本位的传统教育，强调在知识技能的基础上，通过在现实环境中的教育，使受教育者形成或端正环境价值观，来实现环境教育的目标。1987 的《我们共同的未来》（Our Common Future）提出："环境教育应包括并贯穿于各级学校正式课程表的其他科目的教学之中，以便加强学生对环境状况的责任感，并传授给他们有关控制、保护和改善环境的方法。"美国著名环境教育学家罗伯特·罗斯（Robert Roth）对环境教育模式进行了探索。他认为："由于我们能获得那个知识结构，并明确教学内容，因此我们可以采取解释、教育与传播的方法。在模式的眼前是你的目标听众，在模式的远处是知识、传播知识的方法和接受者……而且我发现这种模式，我可以轻松地与跨文化、跨语言的人们沟通。"[③] 1996 年，美国若干著名大学的专家教授推出了《绿色化学院课程表：人文学科中的环

---

① M. A. Lucas. Environment Education：What is it，For Whom，For What Purpose，and-How? In The British Council. International Seminars in Briain：Environment Education：from Policy to Practice. 26Mar. –6 Apr. 1995. London and Shropshire. 1995：28.

② M. A. Lucas. Environment and Enviornment Education：Conceptual Issuss AND Curriculum Implications. Australian International Press and Publications. Melbourne. 1979：58.

③ A G. Gough. Founders in Environmental Education，Deakin University，1993：28 –29.

境教学指南》一书，该书系统探讨了人类学、生物学、经济学、地理学、历史学、文学、媒体和新闻、哲学、政治科学、宗教等学科如何进行跨学科环境教育的模式，其设计为全球环境教育树立了典范。

（四）关于"环境教育"效果评估的研究

随着环境教育的广泛开展和不断深入，目前国外学者的研究重点已转移到对环境教育的效果评估的实证分析方面。Young, R. M. and S. Lafollette（2009）通过对伊利诺斯州的 1000 个小学老师进行了调查，评估他们在教学中包含的环境教育的比重和方式。调查显示，超过 91% 的受访者称他们关于环境的教育每学年至少一次，然而在那一年里大多数学生只是接受了 22—100 分钟的环境教育。包括环境教育在内的教师，其中 49% 的受访者表示他们之所以这样做是因为他们对环境的个人兴趣，47% 把环境教育排除在外的老师认为原因是缺少上课时间。[①] Kuhar, C. W. T. L. Bettinger, et al.（2010）通过对乌干达 Kalinzu 森林保护区的生态教育项目的长期性影响评估，得出尽管环境保护有效性评估的重要性不能被低估，但是它们对环境的影响几乎不被人们重视。尽管知识是正确的保护行为的前提，但是它并不能保证恰当的行为被实施。因此，需要通过环境保护方面的专家、教育者、社会科学家进行通力合作来对教育者和以人为本的环境保护计划对人口和栖居地的影响进行有效的评估。[②] Gallotti, C. P. Ferloni, et al.（2012）在其《让我们与地球友好相处：小学生的生态教育项目》中指出，就大众而言，通过环境教育来塑造环境意识及其责任感的需要是很明显的。随着各国环境教育的逐渐深入，国外相关研究开始从操作层面关注如何提高环境教育的实际效果，切实发挥环境教育在培养公民生态意识、促进大众生态行为方面的作用。

二、国内相关理论研究概况

在国内，以 2019 年 12 月 20 日为时间节点，以中国知网数据库为范围，

---

① Young, R. M. and S. Lafollette（2009）. " Assessing the status of environmental education inillinois elementary schools. " Environ Health Insights 3：95 – 103.

② Kuhar, C. W. T. L. Bettinger, etal.（2010）. " Evaluating for long – term impact of an environmental education program at the Kalinzu Forest Reserve, Uganda. " Am J Primatol 72（5）：407 – 413.

以"生态思想""马克思主义生态思想""生态文明思想"为关键词进行检索，结果分别为1620条、307条和1156条。再以"环境教育""生态德育""生态文明教育"为关键词进行检索，结果分别为5145条、342条和1943条。同一个时间节点，以中国国家图书馆的图书为范围，以"生态思想""马克思主义生态思想""生态文明思想"为全部字段进行搜索，找到结果分别为94个、8个和72个，但以"生态文明教育"为关键词进行搜索，找到结果为54个。从检索到的资料来看，自从20世纪80年代国内学者开始环境教育的研究以来，相关研究虽然有名称的变化和重点的转移，但一直没有间断，并逐年增长。目前学术界的相关研究主要集中在生态思想、马克思主义生态思想、大学生生态文明教育、高校生态德育等方面，且取得了较多研究成果。① 现重点就国内学术界关于大学生生态文明教育及相关研究的情况综述如下。

（一）有关"生态文明教育"概念和内涵的研究

"生态文明教育"是相关研究所涉及的最常用的基本概念，但许多学者对其概念的界定都有各自不同的表述。有的学者认为，"生态文明教育是指在提高人们生态意识和文明素质的基础上，使之自觉遵循自然生态系统和社会生态系统原理，积极改善人与自然、人与社会（人）、人与自我的关系而进行的有目的、有计划的系统性的培养活动。广义的生态文明教育是针对社会全体公众而言的；狭义的生态文明教育则是指专门的学校教育。"② 也有的学者认为，"生态文明教育是针对全社会展开的向生态文明社会发展的教育活动，是全民的教育、终身的教育。"③ 有的学者提出，"高校的生态文明教育，是指在科学发展观的指导下，为培养具有明确的生态文明观念和意识、丰富的生态文明知识、正确对待生态文明的态度、高度的生态文明建设热情和实用的生态文明建设实践技能的新型人才而实施的教育。"④ 有的学者则从"生态文明教育"与其他教育的关系的角度进行界定，认为"生态文明教育是对人进行素质教育

---

① 骆清. 关于高校生态文明教育的研究综述［J］. 文史博览（理论），2014（2）.

② 彭秀兰. 浅论高校生态文明教育［J］. 教育探索，2011（4）.

③ 陈丽鸿，孙大勇. 中国生态文明教育理论与实践［M］. 北京：中央编译出版社，2009，78.

④ 杨志华，严耕. 高校开展生态文明教育是时代发展的新要求［J］. 中国林业教育，2010（5）.

的一个重要方面，能帮助人们建立起人对待自然、对待环境的正确的伦理观念，能促进人们的自我人格品性和精神境界的升华"。① 由此可见，作为研究的基本概念，学术界对于"生态文明教育"的内涵并没有形成比较统一的认识，也没有很好厘清生态文明教育与素质教育、高校德育、思想政治教育的关系，这需要对该概念进行更为准确的厘定，以形成学界的共识。

（二）有关"大学生生态文明教育"重要性与必然性的研究

许多学者从大学生生态文明教育现状与存在的问题的调查出发，强调高校开展生态文明教育的重要性和必要性。学者们普遍认为生态文明教育是时代发展的需要。有的学者认为："加强生态文明教育是解决环境问题的需要，是建立新的生态伦理道德观的需要，是全面建设小康社会的需要。"② 有的学者指出，"高校生态文明教育的时代诉求在于：环境自身发展和全面落实'五位一体'总布局的需要，高校推进生态文明建设及创建和谐校园的迫切需要，大学生全面发展的内在要求。"③ 一些专家从生态文明社会建设的角度来审视大学生生态文明教育的重要性，并提出了相应的路径措施，希望有助于高校生态文明教育的顺利开展，同时也促进生态文明社会的建设。

（三）有关"大学生生态文明教育"内容的研究

概括来讲，学者们普遍认为大学生生态文明教育的内容主要涉及理论和实践两个方面，当然也涉及理念、观念和行为能力的培养等。有的学者认为，"高校生态文明教育的内容包括：生态文明理念的普及，生态道德意识的唤醒，生态道德素质的形成，生态文明行为能力的培养。"④ 有的学者认为，"高校生态文明教育是多层次的、具有丰富内容的系统教育，主要包括以下四个方面的内容：生态环境现状教育、生态科学基本知识教育、生态文明观教育、生态环境法制教育。"⑤ 也有的学者认为，"生态文明教育的基本内容主要包括生

① 郑世英. 加强大学生生态文明教育探索 [J]. 教育探索，2009（7）.
② 董入莉. 浅谈生态文明教育 [J]. 前沿，2008（7）.
③ 廖金香. 高校生态文明教育的时代诉求与路径选择 [J]. 高教探索，2013（4）.
④ 姜赛飞. 高校生态文明教育探究 [J]. 教育探索，2011（8）.
⑤ 廖金香. 高校生态文明教育的时代诉求与路径选择 [J]. 高教探索，2013（4）.

态国情教育、生态国策教育、生态法制教育、生态经济教育、生态消费教育。"① 还有的学者认为，"高校生态文明教育的内容主要包括生态意识、生态观念、生态道德、生态法治等方面。"② 由此可见，对于大学生生态文明教育的具体内容，学者们已形成了一定的研究基础和成果，但是目前研究出现一定的雷同现象，研究也比较浅，需要深入、详细、具有创新性的研究。

（四）有关"大学生生态文明教育"方法和途径的研究

学者们普遍认为有效开展高校生态文明教育必须注意通过科学的方法和途径。对于具体的途径，学者们提出了许多不同的看法，有的学者认为，"生态文明教育的方法主要包括分阶段进行教育、构建校园生态文明教育教学体系、以课堂教学和社会实践为载体进行教育、建立与大学生生态文明教育工作相适应的第二课堂活动体系、建立生态文明教育网站，开展网上生态文明教育。"③ 也有的学者认为，"高校生态文明教育的主要途径包括：发挥思想政治理论课主渠道的作用，利用校园文化活动主阵地，开展有关社会实践活动，构建生态文明教育网络环境。"④ 有的学者对推动高校生态文明教育从不同角度提出对策和建议，具体路径包括："成立生态文明教育办公室，制定生态文明教育实施纲要；重视生态文明的课堂教育，提高大学生生态文明理论水平；加大学生的课外实践力度，提高大学生生态文明实践能力；注重教师生态文明素质提升，有效推进生态文明教育理论研究；加大高校生态文明教育投入，为教育改革奠定物质基础。"⑤ 总的来说，学者们比较一致的观点是在注重思想政治理论课主渠道的同时，强调发挥实践教育和网络阵地的作用。

（五）有关"大学生生态文明教育"不同视角的研究

由于学者们对问题关注的角度不同，对大学生生态文明教育的研究也是多视角的。如王素华等在《复杂科学视野中的高校生态道德教育》一文中通过

① 黄娟，黄丹. 中国特色生态文明教育思想论：十六大以来中国共产党的生态文明教育思想 [J]. 鄱阳湖学刊，2013 (2).
② 陈艳. 论高校生态文明教育 [J]. 思想理论教育导刊，2013 (4).
③ 姜赛飞. 高校生态文明教育探究 [J]. 教育探索，2011 (8).
④ 陈艳. 论高校生态文明教育 [J]. 思想理论教育导刊，2013 (4).
⑤ 姜树萍，赵宇燕，苗建峰，陈芋羽. 高校生态文明教育路径探索 [J]. 教育与教学研究，2011 (4).

运用复杂科学的理论来看高校生态文明教育所具备的复杂科学的特征，进而启示高校生态文明教育如何更好地开展。王学俭等从实现思想政治教育的生态价值的角度探讨了生态文明教育，认为"可从坚持科学发展观的思想指引、丰富生态教育的内容、完善生态教育的机制建构、强化生态教育的环境塑造、推动生态教育的方式创新五个方面着力对思想政治教育进行调适和创新"。① 除此以外，还有王为科等的《中国化马克思主义视角下的生态文明思想》、黄治东的《论社会转型视阈下高校的生态教育》、郭岩的《建构主义理论对大学生生态文明教育的启示》、李俊斌的《论环境法治视阈下生态文明实现之路径》、盛雅焜的《生态女性主义视角下的生态文明》、肖克艳等人的《议程设置在高校生态文明教育中的应用》、薛建明的《科技伦理视野下的高校生态文明教育》等论文都从不同视角对高校生态文明教育进行了解析。总之，无论是从哪个视角来研究高校生态文明教育，学者们都是试图借鉴这些学科理论，以及基于生态文明教育所要实现的目标来找寻一些理论支撑，从中找到它们与生态文明教育的契合点，进而运用这些理论来探寻高校生态文明教育的有效途径。

三、大学生生态文明教育研究述评

从以上分析可以看出，目前国内的学者们从不同方面研究了大学生生态文明教育，形成了比较丰富的研究成果，具有一定的研究价值，但也存在一些不足，需要在广度和深度方面进一步加强研究。

第一，在研究内容上，虽然学者们从不同的角度对"大学生生态文明教育"的内涵、内容、目标、方法和途径等方面进行了探讨，但是存在着散、浅、重复、雷同的现象。这需要研究者着眼于包含生态文明教育在内的大学生思想政治教育新体系的建构，进一步从思想政治教育的角度加强对有关研究的整合与提升。同时，生态文明教育具有很强的实践性要求，而现有研究中有关实践探索的实证分析研究不多，亟待加强。

第二，在研究范围上，从已有成果来看，相关的文献仅侧重于对我国高校生态文明教育进行单独分析，缺乏把高校生态文明教育与社会、家庭、社区的生态文明教育联系起来。这需要研究者加强比较分析基础上的生态文明教育的

---

① 王学俭，魏泳安．思想政治教育生态价值探略［J］．思想教育研究，2013（5）.

整体性研究，充分挖掘和利用社会教育资源，形成学校教育与社会教育、家庭教育的教育合力，强化生态文明教育效果。

第三，在研究视角上，目前其他研究视角的相关文献还比较少，各个视角的研究都不是很深入，研究内容比较零散不够全面，研究的内容并未详细深入，缺乏系统性研究。这需要研究者进一步加强多视角研究，要运用思想政治教育的基本原理来重新审视生态文明教育，研究生态文明教育如何与现有的思想政治教育体系有机融合，如何充分利用现有资源，更有效地实现大学生生态文明教育的目标。

总的来说，国外较早重视环境问题，也积极开展了环境教育的理论研究和实践活动，取得了丰富的研究成果。尤其是自从 20 世纪 70 年代以来，生态伦理、生态价值观以及环境态度，已经成为国外环境教育中的重要内容，并逐渐与环境教育中其他知识、技能等内容成为紧密联系的整体目标。就最近的研究动向来看，重视环境教育效果评估的取向必然导致国外在环境教育的模式、具体的方法和途径方面不断地改进和创新。但受意识形态和传统文化的影响，国外的环境教育还没有形成完整的理论体系，还主要是以维护资本主义工业文明的成果为出发点，在思想上以"人类中心主义"为指导，在理论上以应对生态危机为目标。这是我们在学习借鉴时应认真注意的地方。

第三章　大学生生态文明教育的科学内涵

大学生生态文明教育的两个首要问题就是要回答，生态文明教育"是什么"？生态文明教育"为什么"？坚持大学生生态文明教育理论研究的问题导向，要求回答为何要在大学生中进行生态文明教育，其概念如何界定，其价值如何依归？这也是进行大学生生态文明教育的重要基础。

一、大学生生态文明教育的含义

什么是大学生生态文明教育？简单地说，就是以大学生为对象进行有关生态文明思想的教育。对"生态文明思想"这一概念进行界定，是进行生态文明教育需要明确的基本前提，也是厘清"生态文明教育"与"环境教育""生态德育"等概念的关键所在。

（一）生态

"生态"（Ecology）这个词语源于古希腊语中的"oikos"，原意指"住所"或"栖息地"。"生态"可以概括为各种生物有机体（包括人类）之间和它们与环境之间的相互关系与存在状态。

与"生态"紧密联系的一个概念是"环境"。环境（environment）的概念具有相对性，它是相对于某一中心事物而言的，具体与某一中心事物有关的周围事物，就称为该事物的环境。在通常情况下，这个中心事物往往特指"人类"，因此《辞海》记载："环境，一般指围绕人类生存和发展的各种外部条件和要素的总体。在时间上和空间上是无限的。分为自然环境和社会环境"。[①] 各国的环境保护法把应当保护的对象称为环境，包括大气、水、土地、矿藏、森林、草原、野生动植物、自然遗迹、自然保护区、风景名胜区等。"生态"

---

① 夏征农等. 辞海（第六版彩图本）［M］. 上海辞书出版社，2009：782.

与"环境"是两个往往被混淆的概念，在很多时候、很多场合被通用。但两者是既有联系又有区别的。从两者的联系上来看，存在包含与被包含的关系，即环境包含了生态的内容，生态是环境必不可少的内容之一。从两者的区别上来看，"生态"在内涵上把人与自然作为一个整体来认识，将人类作为自然中一种普通有机物来对待；"环境"往往是以人类为中心的客体概念，在概念界定上是以人与自然的分离为前提的，包含着以主客二元论的人类中心主义理念。同时，"生态"是一个关系范畴，包括人类之间以及人类与其环境双向的交互作用；而"环境"往往表达的是人类主体对环境客体的单方向的认识与改造作用，没有直接表达出人与自然休戚与共的关系。

尽管如此，在日常生活中，我们往往把"生态"与"环境"等同起来混用，并且在学术界的概念运用上也存在这种现象，如《辞海》中对"生态伦理学"词条解释为"即环境伦理学"。在日常生活中，我们经常提及的环境保护，以及西方国家的环境教育等概念都有这种情况。本论文之所以选择"生态"作为前置性修饰词，目的是表达一种人类与自然密不可分且交互作用的理念，但在论述中引经据典时，也出现了环境道德、环境道德教育等词，特此作出说明。

（二）生态文明

文明是人类文化发展的成果，是人类改造世界的物质和精神成果的总和，是人类社会进步的象征。《周易》里说："见龙在田，天下文明。"唐代孔颖达注疏《尚书》时将"文明"解释为："经天纬地曰文，照临四方曰明。""经天纬地"意为改造自然，属物质文明；"照临四方"意为驱走愚昧，属精神文明。从要素上分，文明的主体是人，体现为改造自然和反省自身，如物质文明和精神文明；从时间上分，文明具有阶段性，如农业文明与工业文明；从空间上分，文明具有多元性，如非洲文明与印度文明。生态文明是人类为保护和建设美好生态环境而取得的物质成果、精神成果和制度成果的总和。生态文明是人类文明发展的一个新的阶段，即工业文明之后的文明形态；生态文明是人类遵循人、自然、社会和谐发展这一客观规律而取得的物质与精神成果的总和；生态文明是以人与自然、人与人、人与社会和谐共生、良性循环、全面发展、持续繁荣为基本宗旨的社会形态。

"生态文明作为一种后工业文明，是人类社会一种新的文明形态，是人类

迄今最高的文明形态。"① 《辞海（第六版彩图本》将"生态文明"解释为
"人与自然和谐共生、全面协调、持续发展的社会和谐状态，是中国特色社会
主义社会的奋斗目标之一。"② 生态文明是指人与自然、人与人、人与社会和
谐共生、良性循环、全面发展、持续繁荣为基本宗旨的文化伦理形态。它以尊
重和维护自然为前提，以人与人、人与自然、人与社会和谐共生为宗旨，以建
立可持续的生产方式和消费方式为内涵，以引导人们走上持续、和谐的发展道
路为着眼点。生态文明强调人的自觉与自律，强调人与自然环境的相互依存、
相互促进、共处共融，既追求人与生态的和谐，也追求人与人的和谐，而且人
与人的和谐是人与自然和谐的前提。可以说，生态文明是人类对传统文明形态
特别是工业文明进行深刻反思的成果，是人类文明形态和文明发展理念、道路
和模式的重大进步。

综上所述，生态文明是人类为保护和建设美好生态环境而取得的物质成
果、精神成果和制度成果的总和，是贯穿于经济建设、政治建设、文化建设、
社会建设全过程和各方面的系统工程，反映了一个社会的文明进步状态。

（三）生态文明思想

"思想"，作为一个使用频率很高的词，是指客观存在反映在人的意识中
经过思维活动而产生的结果。在《说文解字》里是这样解释的："思"者，上
为"田"，下为"心"，意为"心之田"；"想"者，上为"相"，下为"心"，
意为"心之相"。虽然思想经常合在一起使用，其实严格意义上讲，两者在用
法上还是有所不同的。"思"与"想"的区别在于，"思"作用于记忆事物形
态与现实形态的差异性的对比考量，只有意识运动形式的产生，自身是没有目
的的行为；"想"则是为使现实形态达成于印象的事物形态而进行的意识的运
动形式，是有目的进行的意识行为。

关于思想的定义，《现代汉语词典》和《辞海》有多种解释。毛泽东在
《人的正确思想是从那里来的?》一文中说："无数客观外界的现象通过人的
眼、耳、鼻、舌、身这五个官能反映到自己的头脑中来，开始是感性认识。这
种感性认识的材料积累多了，就会产生一个飞跃，变成了理性认识，这就是思

①　俞可平．科学发展观与生态文明［J］．马克思主义与现实，2005（4）．
②　夏征农等．辞海（第六版彩图本）［M］．上海辞书出版社，2009：2022．

想。"思想可以表现为通过概念的联系，概括地说明现象的本质和规律的理论原理，也可以表现为观点的综合的理论体系。思想是在实践的基础上对客观存在的反映，这种反映是否正确又要通过实践检验。凡是经过实践检验证明符合客观实际的思想是正确的思想，不符合实际的思想是错误的思想。思想对客观现实的发展有强大的反作用，正确的思想一旦为群众所掌握，就会变成改造世界的巨大物质力量。

2018 年 5 月 18 日至 19 日，全国生态环境保护大会在北京召开。这是党的十八大以来，我国召开的规格最高、规模最大、意义最深远的一次生态文明建设会议。会议最大亮点和取得的最重要理论成果，是确立了"习近平生态文明思想"。习近平生态文明思想是习近平新时代中国特色社会主义思想的重要组成部分，是对党的十八大以来习近平总书记围绕生态文明建设提出的一系列新理念、新思想、新战略的高度概括和科学总结，是新时代生态文明建设的根本遵循和行动指南，也是马克思主义关于人与自然关系理论的最新成果。

以此为基础，笔者认为，生态思想就是指人类对有关自身与自然环境的关系进行思考所形成的观点、想法和见解的总称。广义的生态文明思想是人类在后工业文明时代进一步思考人与自然和谐关系的最先进的生态思想。狭义的生态文明思想是指以习近平生态文明思想为核心的关于人与自然和谐共处的观点、想法和见解的总称，是新时代生态文明建设的根本遵循和行动指南，也是马克思主义关于人与自然关系理论的最新成果。

二、大学生生态文明教育的思想渊源

自从有了人类社会，人们就开始关注人与自然的关系。在人类文明发展的历史长河中，不同的民族文化都表达了丰富的生态思想，其中最有代表性的是以中国为主的东方传统文化中体现出来的生态智慧以及西方的生态伦理思想。马克思主义生态思想不断发展成熟，形成了马克思主义生态思想中国化的最新成果——习近平生态文明思想，这一思想作为我们进行生态文明教育的理论基础将在第六章详细论述。

（一）中国传统文化中的生态智慧

以儒道释为中心的中国传统文化，在几千年的发展过程中，形成了丰富的生态思想，从政治社会制度到文化哲学艺术，无不闪烁着生态智慧的光芒。

1. 儒家的生态智慧。中国儒家生态智慧的核心是德性，尽心知性而知天，主张"天人合一"，其本质是"主客合一"，肯定人与自然界的统一。儒家文化不但关注人与人之间的社会关系，也关注人与自然的关系。在儒家经典著作中有许多地方闪耀着中国传统的生态智慧之光。所谓"天地变化，圣人效之"，"与天地相似，故不违"，"知周乎万物，而道济天下，故不过"。儒家通过肯定天地万物的内在价值，主张以仁爱之心对待自然，讲究天道人伦化和人伦天道化，通过家庭、社会进一步将伦理原则扩展自然，体现了以人为本的价值取向和人文精神。儒家的生态思想，反映了它一种对宽容和谐的理想社会的追求，主要包含以下几个方面。

其一是"天人合一"的自然观。宋代的张载是中国古代思想史上第一个明确使用"天人合一"这一语词的学者，他说："儒者则因明至诚，因诚至明，故天人合一。"① 但对"天人合一"的论述却古已有之，只是各学派对"天人合一"的认识与表述是各异的。道家认为，人要效法"天"，效法到最高境界就是"天地与我并生，万物与我为一"；② 孟子认为"天人合一"是指天命、人性、道德、教化一脉相通，如"尽其心者知其性也，知其性则知天矣"；③ 汉代思想家董仲舒认为天、地、人三者的关系是"天人之际，合而为一"。④ 宋代儒学在继承先前儒家思想的同时，还吸收了墨家、道家等"天人合一"的思想，进一步发展了"天地人合一"学说。张载认为，"天人合一"是人性与天道的合一，性者万物之一源，非有我之得私也；⑤ 程氏兄弟则认为，天人本无二，不必言合。⑥ 尽管各学派众说纷纭，但终究是强调天人相合，即天人之间的相互影响。

天人合一的思想实际上是万物一体的整体论自然观的反映。北宋思想家张载的《西铭篇》以家庭中父母兄弟的关系来说明人与天地万物的关系，从而得出了民胞物与、泛爱万物的结论。在他看来，人与天地万物的关系不过是家

---

① ［宋］张　载.张载集［M］.北京：中华书局，1978：65.

② 陆永品.庄子通释［M］.北京：经济管理出版社，2004：16.

③ 杨伯峻.孟子选译［M］.北京：人民文学出版社，1988：6.

④ ［汉］班　固.汉书［M］.北京：中华书局，1982：2495.

⑤ ［宋］张　载.张载集［M］.北京：中华书局，1978：62.

⑥ ［宋］程　颢，程　颐.二程遗书［M］.上海：上海古籍出版社，2000：132.

庭关系的放大、扩展和延伸，人应该普爱众生、泛爱万物。"民胞物与"是"天人合一""万物一体"观念在伦理层面与生活实践层面的反映。根据蒙培元的观点，天人合一归根结底还是人类中心主义的，但天人合一、万物一体基础上的人类中心主义要求人作为有自我意识的个体，要以民胞物与的态度对待他人与他物，这是一种"责任感"，是一种"被要求的自我意识"。"人之所以有权利以人为主体和中心而利用自然物，以维持自己的生存，乃是因为处于一体的万物合乎自然的有自我意识和无自我意识、道德主体和非道德主体的价值高低之分，这种区分是万物一体之内的区分。"① 而美籍华人、哈佛大学哲学教授杜维明对此也有过类似的论述，"一个人欲达到天人合一的境界需要他不断地进步和修养。我们可以把整个宇宙融入我们的感悟中，是因为我们的情感和关怀在横向和纵向地朝着完善的方向无限地发展"。② 从以上对天人合一的理解，我们一方面看到了中国儒家自然观的有机性与整体性，另一方面也体会到，天人合一的运用需要每个作为个体的人用智用力地去修养、努力，甚至克制，以达到民胞物与的伦理要求，也就是说，天人合一的境界不是自动完成的，它体现在人对自然界的利用中，体现在人不断提升的修养中。

在儒家文化中，作为主体的人和作为客体的自然是不分离的，因为自然界的万事万物都是相依相生的关系，共同组成一个系统整体，互为主客体；同时，物质和精神也是不分离的，因为精神是人体有机系统的功能。比如朱熹认为："天即人，人即天。人之始生，得知于天也；即生此人，则天又在人矣。"张载在其《西铭》中这样论述到："乾称父，坤称母；予兹藐焉，乃混然中处。故天地之塞，吾其体；天地之帅，吾其性。民吾同胞，物吾与也。"宋儒张载在《正蒙·乾称篇》中说："儒者因明致诚，因诚致明，故天人合一，致学而可以成圣，得天而未始遗人。"③ 由此出发，凡是能体悟到人与人之间、人与物之间有息息相通的内在关系的人，便必然能达到"民胞物与"的境界。

其二是尊重自然的道德意识。在儒家文化中，"仁"是一个核心概念。

---

① 蒙培元. 中国的天人合一哲学与可持续发展 [J]. 江海学刊，2001（04）.

② ［美］杜维明. 存有的连续性：中国人的自然观 [J]. 刘诺亚，译. 世界哲学，2004，（01）.

③ 史仲文. 中华经典藏书（第三卷）[M]. 北京：北京出版社，1998：1687.

"仁"的基本含义就是"爱人"，"仁"的实现过程是一个不断推己及人的过程，因此，行仁就不但要爱自己、爱别人，而且可以扩展到自然界的一切事物。如同孟子说的："亲亲而仁民，仁民而爱物"即强调仁爱亲人从而仁爱他人，并由仁爱他人而仁爱万物。汉代的董仲舒明确提出"质于爱民以下，至于鸟兽昆虫莫不爱，不爱，希足以谓仁？"① 也就是说，单单爱人是不够的，爱应该扩展到包括"鸟兽昆虫"在内的天地万物，这就扩展了"仁"的内涵。至宋朝，张载提出了著名的"民胞物与"的命题，并由此出发提出"爱必兼爱"，即爱人也要爱物。在他看来，人与天地万物同源一气，是息息相通并且密切联系在一起的。把所有人当成同胞，把天地万物当成人类的朋友。这就把人与自然的关系推到了一个更高的层次完成了人类道德情愫的一次飞跃：人也是自然界的一员，人与自然界的万物是平等的，因此，君子既应该以同胞的关系待人，爱人如己，又应该以伙伴的关系对待天地万物，兼爱万物，尊重自然，善待自然。

其三是仁爱万物的生态情怀。仁爱万物是我国传统生态智慧的重要内容。德者泽及万物的精神，正所谓"仁者，仁爱之及物也。"② 中国古代对尊重生命、仁爱万物的伦理思想具有普遍的认同。在我国民间有普遍的惜生、爱生的思想，儒、道、佛都有惜生、爱生的慈善情怀。儒家在说"仁"时也常把道德扩展到生命和自然界。这就是从"仁民"而"爱物"。孔子在讲"仁"和"爱"时讲到"智者乐水，仁者乐山"（《论语·雍也》）。要求人要热爱自然（张载·西铭篇），以家庭中父母兄弟的关系来说明人与天地万物的关系，从而得出了民胞物与、泛爱万物的结论。在他看来，人与天地万物的关系不过是家庭关系的放大、扩展和延伸，人应该普爱众生，泛爱万物。

儒家思想的核心是"仁爱"，不仅"仁者爱人"，而且认为对待天地万物应采取友善、爱护的态度。孔子认为，人与自然应建立一种仁爱关系，宣扬"国君春田不围猎，大夫不掩群，士不取鸟卵"（《礼记》），把保护自然作为一种道德行为来提倡。"钓而不网，弋不射宿"（《论语·述而》）则体现了孔子对万物的同情。孟子进一步发展仁爱思想，提出"良知、良能、良心"和

---

① 史仲文．中华经典藏书（第三卷）［M］．北京：北京出版社，1998：1348.
② 杨天宇．周礼译注［M］．上海：上海古籍出版社，2004：128.

"羞耻之心、是非之心和恻隐之心",提倡关心和保护动物。孟子说,"君子之于禽兽也,见其生,不忍见其死;闻其声,不忍食其肉。是以君子远庖厨也"(《孟子·梁惠王上》)。史怀泽在其所著《敬畏生命》一书中认为:"动物保护运动从欧洲哲学那里得不到什么支持","但在中国和印度的思想中,人对动物的责任具有比在欧洲哲学中大得多的地位。"① 他肯定了儒家同情动物和道家善待动物的生态伦理智慧。而荀子则在继承孟子思想的基础上,把道德看作人际道德和生态道德的统一,《荀子·强国》说:"夫义者,内接于人而外接于万物者也"。汉代的董仲舒更是明确地把道德关心从人的领域扩展到自然界,他说:"质于爱民,以下至鸟兽昆虫莫不爱。不爱,奚足矣谓仁"(《春秋繁露·仁义》)。宋明儒家也有一种普遍的生命关怀,他们对于自然界的万物充满了爱,因为万物与自家生命是息息相关的。儒家伦理从爱人到爱物,天不违人、人不违天的人与自然的和谐发展观,将人们生态环境的珍惜,上升到人们道德要求的最高层次。

其四是保护生物的律令规范。基于农业文明下的现实状况,儒家提出了一系列的保护生命、维护生态平衡和朴素的持续发展的律令规范。主要包括:第一,按照生态节律的要求行事,禁止破坏自然和生态的行为。在儒家的经典著作中包含了大量有关"时禁"的思想阐述,如《逸周书·文传解》中有类似的记载,"山林非时不升斤斧,以成草木之长;川泽非时不入网罟,以成鱼鳖之长"。与此有异曲同工之妙的是《孟子·梁惠王上》中记载的"不违农时,谷不可胜食也。数罟不入洿池,鱼鳖不可胜食也。斧斤以时入山林,材木不可胜用也"。② 从这里我们不难看出,这种"谨其时禁""不失其时"的爱护自然资源的措施是当时为了获得稳定的生活环境和充足的生活资源的要求,也是对人们进行思想教育,让人们形成保护环境和生态的意识的途径和方法。第二,杜绝使用具有灭绝性的捕获工具和捕获方法。《论语·述而》中记载"子钓而不纲、弋不射宿"。③ 这就是对动物等资源不过分掠夺的要求。孟子要求

---

① [法]史怀泽. 敬畏生命 [M]. 陈泽环,译. 上海:上海社会科学院出版社,1985:49.

② 史仲文. 中华经典藏书(第三卷)[M]. 北京:北京出版社,1998:1121.

③ 史仲文. 中华经典藏书(第二卷)[M]. 北京:北京出版社,1998:1099.

"数罟不入洿池"，商汤要求"网开三面"，《礼记》中也提出了"不麛，不卵，不杀胎，不妖夭，不覆巢"①的要求。不捕获小鹿，不毁卵覆巢，不杀怀胎母兽，不杀刚出生的走兽，这样才能避免鸟兽等动物的灭绝。

2. 道家的生态智慧。中国道家的生态智慧是一种自然主义的空灵智慧，通过敬畏万物来完善自我生命。道家强调人要以尊重自然规律为最高准则，以崇尚自然效法天地作为人生行为的基本皈依。强调人必须顺应自然，达到"天地与我并生，而万物与我为一"的境界。庄子把一种物中有我，我中有物，物我合一的境界称为"物化"，也是主客体的相融。这种追求超越物欲，肯定物我之间同体相合的生态哲学，在中国传统文化中具有不可替代的作用，也与现代环境友好意识相通，是现代生态伦理学的重要思想渊源。

在中国的道家文化中，有许多生态思想的火花。正如美国著名的学者 F·卡普拉所说："在诸伟大传统中，据我看来，道家提供了最深刻并且最完善的生态智慧，它强调在自然的循环过程中，个人和社会的一切现象和潜在两者的基本一致。"②《老子》第二十五章言："人法地，地法天，天法道，道法自然。"道家的最高范畴是"道"，"道"是生育天地万物的本源和宗祖，是人和天地万物的共同来源。正如老子所说："道生一，一生二，二生三，三生万物。"③庄子也说："天地与我共生，万物与我为一。"④ 如李约瑟博士认为的："就早期原始科学的道家哲学而言，'无为'的意思就是不做违反自然的活动，亦即不固执地违反事物的本性，不强使物质材料完成它们所不适合功能……"⑤应该说，在中国道家经典著作中，还有很多先进的生态思想有待进一步挖掘。

道家是从"道"的先在和普遍的角度来论证万物的平等性，强调物无贵贱，物我同一。首先，因为万物为道所创生，因此从原初性上就与人类具有同样的价值和尊严，万物应得到同等的尊重。正如庄子所认为："以道观之，物无贵贱。以物观之，自贵而相贱。以俗观之，贵贱不在已。"（《庄子·秋水》）

① 史仲文. 中华经典藏书（第一卷）[M]. 北京：北京出版社，1998：399.
② 董光璧. 当代新道家 [M]. 北京：华夏出版社，1991：63.
③ 史仲文. 中华经典藏书（第五卷）[M]. 北京：北京出版社，1998：2342.
④ 史仲文. 中华经典藏书（第五卷）[M]. 北京：北京出版社，1998：2358.
⑤ 李约瑟. 中国科学技术史（第二卷）[M]. 上海：上海古籍出版社.1990：76.

在庄子看来，自然万物虽各有差别，但都有自己的位置，他们之间并无贵贱、中心与边缘之分，人与自然是和谐统一的，所谓"天地与我并生，万物与我为一"。（《庄子·齐物论》）其次，万物产生之后虽有各种不同的存在形态，但都有道存在其中，具有由道决定的共同本质和遵循的共同法则。因此，宇宙中的事物都具有独立而不可代替的价值。

自然界是由"道"化生而来的。中国古代道家学派的重要代表人物老子在《道德经》中，强调道生万物，天地人同源，认为宇宙有四大："道大，天大，地大，人亦大。域中有四大，而人居其焉"（《道德经》二十五章）。在这四大中，道是最伟大的，而人居最后，因此"人法地，地法天，天法道，道法自然"。道是先天地而生，且为天地母的、不知名的存在，而强为之名曰"道"。"道"作为一个超验的存在，从中化生出宇宙、自然、人世间的一切秩序与联系。这里讲道法自然，并不是说自然界高于道，因为自然界也是由"道"化生而来。这里的"道法自然"就是说，道的运行不受人为控制，属于天地之间至高的、形而上学的自然而然，所以不能把这里的法"自然"理解为实体的自然界。老子认为，对人类社会与自然界而言，最理想的状态就是任其自生自灭、独立运行而不加干涉。庄子把"法自然"的思想推到极致，提倡"无为"而"绝圣弃智"，从而使人与自然界完全融为一体，人成为与鸟兽虫鱼平等的自然界的一员。"人法地，地法天，天法道，道法自然。"[1] 道家学派的另一重要代表人物庄子在老子"道"的基础上，提出了人和天地万物是一整体，即："天地与我并生，而万物与我为一"。人既离不开天地，也离不开万物，人不是自然的主人，人仅是自然的一部分。另外，《庄子·齐物论》中说："天地与我并生，而万物与我为一。"另外，庄子进一步将"人与天一"的思想发展为"物我两忘"，庄周梦蝶使庄子忘记自己到底是庄子还是蝴蝶。在老庄的思想中，人类社会与自然界的运行规律应该是一致的，人们的生产生活乃至生死大事都要顺应自然规律，不可强求。在道家的观念中，理想的社会状态应该是小国寡民，理想的人与自然之间的关系是顺其自然。反对人对外界用强用力，所以道家的自然观反对人的主体意识与主体作用的发挥。这在老庄思想产生的背景来看，可以看作是它对儒家仁义礼智信等人为的礼仪、规范的

---

① 冯达甫. 老子译注 [M]. 上海：上海古籍出版社，1991：60.

理论上的反动。在当代世界，道家的自然观契合了许多西方的深生态学家以及后现代主义者对自然返魅的追思、对生命伦理的渴求，而成为他们努力挖掘的思想资源之一。但是当代世界，由于文明，尤其是工业文明对人类社会的改造，以至于人类已经无法回到过去，回到原初的、大道运行的状态。或许"道"作为一种精神实践可以存在，但作为一种体现在人类社会以及日常生活中的最高法则却很难寻踪觅迹了。

3. 佛家的生态智慧。虽然佛教是从外国传入中国的，但是在漫长的发展过程中，佛教已经完全融入了中国本土文化，实现了中国化的华丽转身。在中国本土的佛教文化中，也有很多体现了佛家特有的生态智慧。比如《涅槃经》中就说道："一切众生悉有佛性，如来常住无有变异。"这句话的意思很简单直白，在佛家看来，不仅是人，其实一切生命（即众生）都是具有佛性的。这种佛性是"常住"的，不会发生变异的。这种佛性也是超过所谓的"人性"的。佛教从善待万物的立场出发，把"勿杀生"奉为"五戒"之首，佛教徒不但不能杀生，而且不能食荤菜。连杀死一只蚂蚁都被认为是一种罪过，而放生救生则成为佛家慈悲向善最基本的修炼内容。虽然佛家思想主要还是关注普渡众生，强调因果报应，提倡行善积德来加强自身修行以脱离苦海，但同样也关注修行的外部环境。这种慈悲为怀的佛教思想运用到人与自然的关系上，就表现出佛家在生态智慧方面的朴素精神，为广大的佛教信众提供了通过利他主义来实现自身修行的通道。

佛教有对生命的关切与惜生放生的伦理要求。佛教认为万物都有佛性，佛教把珍爱自然、尊重自然看作是佛教徒的天然使命。佛教强调众生平等、尊重生命，反对杀生。诸罪当中，杀罪最重；诸功德中，不杀第一。佛家以不杀生为善举，规定"五戒"的头一条即"不杀生"，同时提倡"放生"，即释放被羁禁的生物。佛教要求佛门弟子应以慈悲为怀常行放生，据此可得长命的果报。佛教提倡慈悲心，避免因果报应。爱惜生命、不杀生和素食是其基本伦理要求。美国生态伦理学家霍尔姆斯·罗尔斯顿认为："禅宗并不是人类中心论，并不倾向于利用自然，相反，佛教许诺要惩戒和遏制人类的愿望和欲求……禅宗懂得如何使万物广泛协调。"① 在霍尔姆斯·罗尔斯顿看来，中国禅宗不仅强调众生平等、尊重生命，更重要的是中国禅宗对生命的尊重是帮助我们建立环境伦理学的理论基石。

佛学众生平等和万物平等的价值观，是从佛性的内在性承认万物的平等，认为万物都有佛性，我国佛教中的天台宗、华严宗和禅宗都承认，一切众生皆有佛性，特别是禅宗，不仅肯定有情的众生有佛性，而且无情的草木也有佛性，"有情、无情、皆是佛子"，"青青翠竹，尽是法身；郁郁黄花，无非般若"。所以，自然界一切生命都值得尊重。佛教倡导的"慈悲"心怀以及"诸恶莫作，众善奉行"，就是要求人们要尊重生命、关爱生命，以平等心对待众生。

众生平等与业报轮回的佛教自然观。佛教传入中国后，虽几经流变，形成各派各宗，但其基本的思想仍然具有内在一致性。魏德东认为，"无情有性，珍爱自然"是佛教自然观的基本精神。佛教在众生平等、生命轮回与业报说的基础上形成了素食、不杀生以及放生等对生态保护有直接作用的实践活动。而且，在有的宗派中，佛教还提倡苦行、禁欲。佛教的思想和实践对于当代中国而言呈现出后现代的特征，而且由于佛教在中国传播广泛，亦有众多信奉者，所以，对自然生态而言，佛教思想具有积极的意义指向。

日本宗教学家阿部正雄在《禅与西方思想》一书中评价佛教建立在无我基础上的解脱说是反狭隘的人类中心主义的，是宇宙主义的。他认为这种"宇宙主义的观点不仅让人克服与自然的疏离，而且让人与自然和谐相处又不失却其个性"。日本宗教学家池田大作则充分肯定了中国佛教"依正不二"的生态伦理文明对世界环境保护的重要意义。他说，"依正不二"实际上就是把生命主体同生命环境看作一个不可分割的有机整体。

（二）西方文化中的生态伦理

在西方文化的发展过程中，同样形成了丰富的生态思想，这些思想主要体现在有关生态伦理方面。生态伦理即人类处理自身及其周围的动物、环境和大自然等生态环境的关系的一系列道德规范。通常是人类在进行与自然生态有关

---

① ［美］霍尔姆斯·罗尔斯顿. 尊重生命：禅宗能帮助我们建立一门环境伦理学吗？［J］. 哲学译丛，1994（05）.

的活动中所形成的伦理关系及其调节原则。人类自然生态活动中一切涉及伦理性的方面构成了生态伦理的现实内容，包括合理指导自然生态活动、保护生态平衡与生物多样性、保护与合理使用自然资源、对影响自然生态与生态平衡的重大活动进行科学决策以及人们保护自然生态与物种多样性的道德品质与道德责任等。以欧美生态伦理学理论为代表的国外生态伦理学理论最具有代表性，虽然这些以文学形式表达的生态伦理学理论体现了浪漫主义色彩，但是它们对人与自然关系的深层次思考是当代生态文明思想的重要源泉。

　　其中比较具有影响力的人物主要有以下四位：1. 爱默生。他的自然观蕴涵着生态伦理思想的萌芽。爱默生认为，自然对人类有着巨大的有益影响力，对于人的生存来说，自然是必不可少的资源，它可以调整人的疲惫的身心，可以升华人的境界。他认为："自然之对人心灵的影响，从时间上看是最先，从重要性上看是最大。"[①]爱默生认识到大自然对人类的有益影响，不仅是物质层面上的，而且精神层面的东西更突出，人在精神层面上与大自然的契合和互相感应尤为重要。爱默生的《自然沉思录》在西方生态伦理思想上具有开拓者的意义。2. 梭罗。他"用其作品为人们展现了一个人类之外的存在，那个存在独立的、不以人的利益为转移的、内在的或者固有的价值以及它对包括人的内在生命的重大意义，那个存在就是大自然的存在"。[②] 出版于1854年的散文集《瓦尔登湖》详细记载了他在瓦尔登湖畔的生涯。拉文思·布尔曾把梭罗一生的创作和生活形象地概括成两个方面：一是"追求简单和简朴，不仅是在生活上、经济上，而且追求整个物质生活的简单化，尽可能过原始人、特别是古希腊人那样的简朴生活；另一是全身心投入地体验田园生活和田园风光、了解自然历史，意识到自然美，发掘大自然的奇妙神秘的美"。[③] 3. 史怀泽。他作为神学家、哲学家和医生，提出了"敬畏生命"的理念，并使人们注意到这一理念。史怀泽认为，"我们越是观察自然，我们就越是清楚地意识到，

---

　　① ［美］爱默生. 自然沉思录［M］. 博凡，译. 上海：上海社会科学院出版社，1993：69.

　　② Lawrence Buell. The Environmental Imagination, Thoreau , Nature Writing and the Formation of American Culture, Harvard University Press, Cambridge, 1995：209.

　　③ Lawrence Buell. The Environmental Imagination, Thoreau , Nature Writing and the Formation of American Culture, Harvard University Press, Cambridge, 1995：126—132.

自然中充满了生命，每个生命都是一个秘密，我们与自然中的生命密切相关。我们意识到，任何生命都有价值，我们和它们不可分割。出于这种认识，产生了我们与宇宙的亲和关系。"① 可见，"敬畏生命"的思想内核是崇拜生命、尊重生命、善待生命。史怀泽还认为："善是保存和促进生命，恶是阻碍和毁灭生命。如果我们摆脱自己的偏见，抛弃我们对其他生命的疏远性，与我们周围的生命休戚相关，那么我们就是道德的。"②总而言之，作为一个生态伦理命题，"敬畏生命"的原则对个人与社会的行为规范始终具有重要意义。4. 利奥波德。他在 1948 年 4 月出版的《沙乡年鉴》一书中阐释了他的大地伦理学思想。其核心观点集中表现为如下两个方面：其一是伦理关系应向大地伦理拓展。利奥波德认为："最初的伦理观念处理的是人与人之间的关系，后来则增加了处理个人与社会之间的关系，但是，迄今还没有处理人与土地，以及人与土地上生长的动物和植物之间的伦理观。"③ 在利奥波德看来，现代伦理有必要也有可能迈出第三步：向大地伦理延伸。其二是大地伦理不是从经济学的视角而是从生态学的视角来考量的。利奥波德认为："从什么是合乎伦理的，以及什么是伦理上的权利，……当一个事物有助于保护生物共同体的和谐、稳定和美丽的时候，它就是正确的，当它走向反面时，就是错误的。"④由此可见，大地伦理是一种对大地由衷的敬畏、热爱、赞美。

综合来看西方学者对生态伦理的理论研究，主要表现为两种鲜明的观点：一是传统的泛道德主义。它是将以人为中心的伦理学向外延伸，直至延伸到非人类的动物以及所有有感知能力的生命，甚至对整个自然界给予道德承认和保护。二是基于以生态为中心的环境整体主义，认为非人类的生物和自然界都有内在价值。对道德关注的不同对象和范围的认识，也形成了西方环境伦理学的

① 陈泽环，朱林. 天才博士与非洲丛林：诺贝尔奖获得者阿尔伯特·史怀泽传 [M]. 南昌：江西人民出版社，1995：156.

② ［法］史怀泽. 敬畏生命 [M]. 陈泽环，译. 上海：上海社会科学出版社，1995：131.

③ ［美］利奥波德. 沙乡年鉴 [M]. 侯文蕙，译. 长春：吉林人民出版社，1997：191.

④ ［美］纳什. 大自然的权利，伦理学史 [M]. 杨通进，译. 青岛：青岛出版社，1999：86.

四个派别。

第一，现代人类中心主义环境伦理理论。传统的人类中心主义，一直被许多人士认为是生态危机的思想根源，原因是其关于人类主宰和统治自然的主张，在实践中表现出强烈占有性的功利主义、利己主义等，极大地鼓动了人类对自然肆无忌惮的掠夺。针对此，美国学者帕斯莫尔（Passmore）、麦克洛斯基（Mcloskey）等人对人类中心主义提出了新的观点，他们认为，人们提出人类对生态环境负有道德责任的问题，主要原因是人类对自己的生存、社会发展以及子孙后代的关心，人类保护自然是为了保护自己的利益，因为人类若要生存必须依靠自然界。因此，现代人类中心主义，把非人类的生命和自然界纳入了道德关怀的范畴，确认了它们的道德地位。这种与非人类道德的关系，也被称为"泛道德主义"。

第二，生物中心主义环境伦理理论。该理论的核心是认为有机体有其自身的"善"，因而主张把道德对象的范围扩展到人以外的生物物种。① 其代表人物是法国哲学家阿尔伯特·施韦兹（Schweitzer）所倡导的尊重生命的伦理学和美国环境哲学家泰勒（Taylor）所主张的生物平等主义伦理学。施韦兹认为，生命是神圣的，所有生命都是休戚与共的整体，所有生命都具有生存的愿望，我们要尊重这种愿望，这是尊重生命的伦理学的根据。泰勒认为，人是地球生物共同体的成员，人和其他生物都是起源于共同的生物进化过程，是自然界系统的有机构成要素，因此人并非天生就比其他生物优越，它与每一种物种拥有同等的天赋价值，有机体的内在价值，没有谁比谁更优越，应当接受"物种平等"的原理。

第三，动物权利的环境伦理理论。该理论的主要代表人物是澳大利亚哲学家辛格（Singer），他主张平等地考虑人和动物的利益，提出了"动物解放"的口号，认为当代解放运动要求人类扩展自己的道德视野和道德应用范围，"如果将动物排除在道德考虑之外的行为类似于种族主义和性别歧视主义"。②

第四，生态中心主义环境伦理理论。该理论提倡整体主义的环境伦理思

---

① 余谋昌.环境哲学：生态文明的理论基础［M］.北京：中国环境科学出版社，2010：146.

② 贾丁斯.环境伦理学［M］.北京：北京大学出版社，2002：127.

想，"强调生态系统的整体性，认为不仅是生物，而且非生物的自然存在物，即生物及其环境构成的生态系统和生态过程，都是道德关心的对象"。① 美国学者奥尔多·利奥波德（Leopold）提出了大地伦理思想，认为伦理学的正当行为的概念必须扩大到对自然界的关心，进而协调人与大地的关系。美国哲学家罗尔斯顿的自然价值论和奈斯的深层生态学等理论进一步地发展和完善了生态中心主义理论。

三、大学生生态文明教育的活动实质

作为思想政治教育重要组成部分的大学生生态文明教育，首先是一种生态文明建设的思想引领活动，同时也是一种生态意识培养的素质提升活动。从长远角度来说，大学生生态文明教育还是一种生态思想传承的综合教育活动。

（一）生态文明建设的思想引领活动

首先，大学生生态文明教育是思想引领活动，是一种思想的教育，而不是知识的教育。在国外的环境教育中，更多的是知识的教育。目前在我国中小学的一些地方教材里，也有很多环境保护方面的资料，但大多都是知识方面的传授。生态文明教育却不一样，虽然它必须以一定的生态理论和环境保护知识为基础，但它主要是在受教育者的头脑中培育一种有关生态及生态文明教育的思想。

其次，大学生生态文明教育是为生态文明建设服务的，教育的内容是有关生态文明的思想。工业文明在为人类带来巨大物质财富的同时，也带来能源危机、环境污染、生态破坏、气候变暖等一系列问题，危及了人类的生存和发展。破解这些难题，需要人类确立新的生态文明观，构建新的生态文明理念和发展方略。生态文明是人类文明发展理念、道路和模式的重大进步。新的生态发展观认为，经济社会的发展应该以人与自然协调发展为基本准则，要建立新型的生态、技术、经济、社会、法制和文化制度机制，实现经济、社会、自然环境的可持续发展，强调从技术、经济、社会、法制和文化各个方面对传统工业文明和整个社会进行调整和变革。

---

① 余谋昌．环境哲学：生态文明的理论基础［M］．北京：中国环境科学出版社，2010：154．

正如学者所言，生态文明建设关键在人，一方面是因为生态危机的产生具有人为性，另一方面是生态文明的建设具有人为性。生态危机的人为性早已被学者所揭示。工业文明创造了一个完全不同于以往文明的新时代，但也给人类的生存和发展带来了生态危机。学者们认为，生态危机的根源其实是人性的危机，这不能不归结到现代性对人性的谋划上。现代性起源于欧洲的文艺复兴和启蒙运动，是对近代以来西方社会文化的一种表达，正是现代社会和现代文化塑造了现代人。卡尔逊在《寂静的春天》里就指出："是什么东西使得美国无以数计的春天之音沉寂下来了呢……不是魔法……而是人类自己"。[①] 应对生态危机必须依靠生态文明建设，而生态文明建设首先是为了人，也只能依靠人。以人为本是生态文明建设的根本原则，必须始终把人生存权利的维护放在第一位，努力实现人的思维方式、生产方式、生活方式的生态化变革。习近平指出："良好生态环境是最公平的公共产品，是最普惠的民生福祉。"[②] 没有对人的终极关怀就不是生态文明，离开了广大人民群众的参与也不可能建设好生态文明。从这个角度来说，生态文明建设成败的关键就在于我们开展生态文明教育的实效性。

（二）生态意识培养的素质提升活动

加强生态文明教育，其目的在于增强全民的生态保护意识。要建设好生态文明，必须引导全体公民树立生态文明意识，增强保护和改善生态环境的自觉性和主动性。要建设好生态文明，必须引导社会大众自觉承担保护生态环境的责任和义务，敢于同一切破坏生态环境的行为作斗争。只有通过系统的生态文明教育，使大家懂得生态环境保护的重要性，树立正确的生态价值观，才能在他们的心灵深处构筑起牢固的生态屏障，让生态文明观念深入人心，在现实生活中摒弃不良的生活习惯，养成良好的生态文明行为，努力提高生态文明的素质。

（三）生态思想传承的综合教育活动

在中国的优秀传统文化中，我们有许多生态智慧，在应对现在的生态危机

---

① ［美］卡尔逊. 寂静的春天［M］. 吕瑞兰，译. 北京：科学出版社，1979：5.

② 习近平谈治国理政［M］. 北京：外文出版社，2014.

的时代命题时，需要我们很好地传承和发展其中包含的先进生态思想。1988年，75 位诺贝尔奖得主在巴黎集会，一起探讨如何保护环境，会议形成的公告中提出："如果人类要在 21 世纪生存下去，必须回到两千五百年前去吸取孔子的智慧。"这就要求我们立足现代文明取得的丰硕成果，进一步把我们传统文化中的生态思想传承好、发展好。

　　生态文明的建设关键在人，而改变人的生态行为关键在于生态文明教育。① 从这个角度来讲，生态文明教育的实效关乎生态文明建设的成败。回顾历史，其实我国早在 1983 年就把环境保护确定为基本国策，并在 1994年出台了《中国 21 世纪议程》，把可持续发展提升为国家战略，应该说我们的认识并不太晚。然而，在很长一段时间里，我们还是"以 GDP 论英雄"，靠牺牲环境与资源为代价来获得经济的高速增长，以致出现了当下资源约束趋紧、环境污染严重、生态系统退化的严峻形势，成为经济社会进一步发展的短板与瓶颈。为什么我们理念先进却实践落后？主要原因就在于先进的理念多是写在纸上、讲在嘴上，并没有通过有效的生态文明教育让环保理念入脑入心，变成广大干部和人民群众的广泛共识，并转化为他们的自觉行动。② 由此可见，生态文明建设离不开对公民的生态文明教育。这并不是说理论不重要或者制度不重要，而是因为再好的制度也需要人来执行。只有通过生态文明教育改变人的认识和观念，才能改变人的行为和态度，也才能改变我国的环境现状。

---

① 骆清，欧阳序华. 论环境教育与生态化人格培养［J］. 改革与开放，2018（17）.
② 刘湘溶，罗常军. 生态文明建设视域下的生态文明教育［M］. 长沙：湖南师范大学出版社，2017：2.

第四章　大学生生态文明教育的时代价值

　　大学生生态文明教育是针对特定教育对象——大学生的生态文明教育，是生态文明教育的重要组成部分。习近平总书记在党的十九大报告中指出，要把青年培养成担当民族复兴大任的时代新人。大学生正处在三观形成的关键阶段——拔节孕穗期，在大学期间对他们进行生态文明教育将对我国将来的生态文明建设产生深远影响。作为高校思想政治教育的重要内容，大学生生态文明教育同样也必须遵循思想政治工作规律、教书育人规律、学生成长规律。同时大学生生态文明教育也有其自身特点，在教育的目标、内容、方法、途径等方面都有其特殊性，相关内容将在后面的章节进行阐述，下面重点探讨其当代价值。

　　探讨大学生生态文明教育的当代价值，明确大学生生态文明教育的重要性和必要性，是开展大学生生态文明教育理论研究和工作实践的重要前提。根据马克思主义的价值观，价值不是反映某种独立的实体范畴，而是反映人与外物的关系范畴，它反映的是客体对主体需要的满足关系。在价值哲学中，价值源自客体，决定于主体。正是有了人才会有价值判断，所以通常把外物称为价值客体，把人称为价值主体。教育是育人的事业，是追求价值的活动。所谓大学生生态文明教育的价值，就是大学生生态文明教育这一人类实践活动及其属性对社会和人的发展需要的满足关系，相应地可以分为社会价值和个体价值，其社会价值是对社会需要的满足，其个体价值是对人的需要的满足。生态文明教育价值的大小和实现程度，不仅仅取决于其满足社会需求的程度，也取决于满足于人的需要的实现程度。大学生生态文明教育的社会价值和个体价值是相互联系、相互依赖、缺一不可的，二者共同存在于满足人与社会的发展需要的价值体系之中。大学生生态文明教育是高校思想政治教育的重要组成部分，作为具有特定内容的思想政治教育，其当代价值主要体现在以下三个方面：

一、贯彻"五位一体"总体布局的需要

改革开放四十多年以来，我国社会主义建设取得了巨大的成就，经济实现了持续快速增长，综合国力进一步提高，民生得到显著改善，人民生活总体上进入了小康水平。然而，伴随着经济高速发展而带来的环境问题日益严重，大气污染、水环境污染、土地沙漠化、水土流失以及资源短缺等环境问题已成为制约我国社会经济发展的瓶颈，严重影响了人民群众的生活和身心健康。

从中国共产党的十八大将生态文明建设纳入中国特色社会主义"五位一体"总体布局，提出推进生态文明建设的内涵和目标任务，到十八届三中全会提出生态文明体制改革的主要任务，再到四中全会，我们党明确提出了生态文明的建设任务、改革任务、法律任务，显示了加强生态文明建设的坚定意志和坚强决心。但是面对错综复杂的国际国内环境，如何有效实现"五位一体"的总体布局，协调各方面的发展，必须重视意识形态工作，尤其是当代大学生的思想政治教育工作。

大学生是社会主义事业的建设者，是社会主义生态文明建设的重要力量。加强大学生生态文明教育，帮助大学生端正与自然相处的科学态度，深入了解与自然相处时应遵循的基本原则，自觉顺应自然的客观规律，按自然规律办事，在社会主义生态文明建设的过程中充分发挥主观能动性，这也是全面建成小康社会的基本要求和重要保障。加强大学生生态文明教育，让大学生了解我国生态危机的现状，深刻认识生态文明建设与社会主义现代化建设的关系，有利于增强大学生的危机意识和忧患意识，自觉形成保护生态环境的责任感和使命感，身体力行，积极投身到生态文明建设的伟大实践中，为促进经济社会的可持续发展和加快实现现代化贡献力量。

大学生是未来国家生态文明建设的主力军，全面落实党中央"五位一体"的总体布局，必须大力推进大学生生态文明教育，帮助大学生树立全面、协调、可持续的科学发展观，让大学生在建立适应可持续发展要求的生产方式和消费方式，努力建设资源节约型、环境友好型社会的实践中积极履行对生态环境进行保护的责任与义务。以实际行动在全社会提倡绿色生产方式和文明消费观念，努力推进社会主义生态文明的全面建设和发展。

二、坚持人与自然和谐共生的需要

生态文明的核心就是坚持人与自然和谐共生。党的十九届五中全会提出，推动绿色发展，促进人与自然和谐共生，并从加快推动绿色低碳发展、持续改善环境质量、提升生态系统质量和稳定性、全面提高资源利用效率四个方面提出了具体要求。绿水青山就是金山银山，学习贯彻十九届五中全会精神，就要深入实施可持续发展战略，坚持尊重自然、顺应自然、保护自然，构建生态文明体系，促进经济社会发展全面绿色转型，建设人与自然和谐共生的现代化。

习近平总书记在《加强生态文明建设必须坚持的原则》一文中强调："生态文明建设关乎人类未来，建设绿色家园是人类的共同梦想，保护生态环境、应对气候变化需要世界各国同舟共济、共同努力，任何一国都无法置身事外、独善其身。"追求人与自然和谐共生是人类文明发展到今天必须遵循的根本原则，也是文明未来发展的现实指向。古代社会人顺从臣服于自然，现代社会人征服控制自然，都不是人与自然关系应有的状态。党的十八大将生态文明建设纳入"五位一体"总体布局中，中国特色社会主义进入新时代，这是我国发展新的历史方位。在新时代我们全面布局生态文明建设，展现美丽中国、美丽现代化强国的美好前景。我们党坚持"人与自然和谐共生"的基本方略，全面部署和实施生态文明建设国家战略并将其上升到"中华民族永续发展的根本大计"。可以说，促进人与自然和谐共生就是新时代的基本方略之一，就是推进生态文明建设的根本要求，建设生态文明也是促进人与自然和谐共生的本质体现。人类高举生态文明的伟大旗帜，也就是高举人与自然和谐共生的伟大旗帜，建设人与自然和谐、人与人和谐的社会图景。

人与自然的和谐共生是对新时代人与自然关系的最新理解和阐释。一方面，这一理念蕴涵着生态文明建设的高度紧迫性。生态兴则文明兴，生态衰则文明衰，良好的生态环境对于人类文明的发展具有基础性的支撑作用，人与自然也是休戚与共的共同体，人类惟有尊重自然、顺应自然、保护自然，才能为自身以及子孙后代赢得宝贵的生存空间。另一方面，这一理念也蕴涵了生态文明建设的新认识和新实践，党的十八大以来，我们开展一系列根本性、开创性、长远性工作，加快推进生态文明顶层设计和制度体系建设，加强法治建设，建立并实施中央环境保护督察制度，新时代生态文明建设必须坚持的六个原则，是我们在新时期推动人与自然和谐共生必须遵循的基本原则。

我们应当清醒地认识到，人类之所以能创造文明，是因为人有认识自然规律和进行实践创造的能力，人可以通过实践有意识地去改造和利用自然。人类虽然创造了文明，但人类同地球所有生灵一样，是不能脱离自然界而存在的，"我们连同我们的血、肉、头脑一起都属于自然界，存在于自然界"。恩格斯指出："不要过分陶醉于我们人类对自然界的胜利。对于每一次这样的胜利，自然界都对我们进行报复。"我们要始终正确认识人与自然的关系，要尊重自然、敬畏自然、热爱自然，维系与自然相互依存的和谐关系，推动促进人与自然和谐共生。

人与自然的和谐是人与人、社会和谐的前提和基础。自然具有先在性，人的需要和社会的发展皆依赖于自然，生态文明正是基于生态发展的规律协调人与自然的关系，在尊重和关爱自然的前提下，把局部利益和整体利益，当前利益和长远利益结合起来，合理利用自然，以利于人和社会的发展。另一方面，人与人、社会的和谐又促进人与自然的和谐。科学技术的发展，社会制度的完善，人类道德水平的提高创造了必要的条件，使人类跳出了自身的狭隘利益局限，充分认识到自然生态系统的重要性，以广阔的视野和博大的胸襟把人类、自然和社会融合起来，构建三者共存共荣，良性发展的美好蓝图。大学生树立良好的生态素质，具备高尚的生态道德，正确处理人与自然的关系，能够为社会发展提供精神动力和智力支持，这也是坚持人与自然和谐共生的基本要求。

大学生是社会主义事业建设的可靠接班人，加强大学生生态文明教育，帮助大学生树立良好的生态素质，具备高尚的生态道德，正确处理好人与自然的关系，从而为经济社会的发展提供精神动力和智力支持，这也是坚持人与自然和谐共生的客观需要。加强大学生生态文明教育，能够使大学生正确认识到生态文明的核心理念是"人与自然和谐共生"，人类要尊重生命和自然界，在发展的过程中要注重人性与生态性的全面统一。在建设社会主义物质文明、政治文明和生态文明的过程中强调人与自然协调发展，强调以人为本和以生态为本的统一，强调人类发展要服从生态规律，最终实现人与自然的和谐共生、协调发展。

三、促进人的全面发展的需要

自从有了人类社会以来，人的生存与发展就成为人类最关注的事情。在古希腊，智者学派的代表人物普罗泰戈拉提出了："人是万物的尺度"① 这样一个著名的命题，这是从神学到人学转变过程中对人的主体性的大胆张扬。它也成为今天"人类中心主义"思想的一个重要来源。

19 世纪的空想社会主义者对人的全面发展的内容进行了各自不同的论述。圣西门最早明确提出了"全面发展的人"的概念。他认为文艺复兴时期的人文主义者是"自古代以来首次出现的全面发展的人"。② 马克思和恩格斯在为共产主义的理想社会勾画蓝图时明确指出："代替那存在着阶级和阶级对立的资产阶级旧社会的，将是这样一种联合体，在那里，每个人的自由发展是一切人的自由发展的条件。"③ 马克思主义认为，在社会关系中，从事着感性活动的现实个人是完整的个体，具有自然属性、社会属性和精神属性。人的全面发展应该是"现实的个人"的所有这些属性的发展。马克思认为，人的全面发展就是"人以一种全面的方式，也就是说，作为一个完整的人，占有自己的全面的本质。"④ 马克思主义人的自由全面发展理论主要包括人的能力、需要、社会关系和个性的全面发展。人的自由全面发展是人的发展的必然方向，是理想性、现实性和历史性的统一。⑤ 教育是人的全面发展的一个重要条件。

人的发展问题，是经济社会发展的首要问题，也是教育的核心问题。马克思把人的发展与社会发展进程统一起来，指出共产主义是以每个人的全面而自由的发展为基本原则的社会形式。人的全面发展，包括人的本质的全面发展、人的需要的全面发展和人的素质的全面发展。而人的素质的全面发展，既包括科学文化素质和思想道德素质的发展，也包括生态文明素质的发展。全面发展的大学生不仅要有很好的能力来处理人与人之间的关系，而且必须具备正确处

---

① 北京大学哲学系外国哲学史教研室编译. 古希腊罗马哲学 ［M］. 北京：商务印书馆，1982：10.

② 陆楼法译. 圣西门选集（第 2 卷）［M］. 北京：商务印书馆，1982：265.

③ 马克思恩格斯选集（第 1 卷）［M］. 北京：人民出版社，2012：294.

④ 马克思恩格斯全集（第 42 卷）［M］. 北京：人民出版社，1979：123.

⑤ 吴向东. 对人的全面发展内涵的解释 ［J］. 教学与研究，2004（1）.

理人与自然关系的优秀品质。是否具备生态文明观念和行动，是衡量当代大学生全面发展的一个重要标准。大学生生态文明教育的个体价值在于帮助大学生树立正确的生态发展观，提升生态道德修养，形成理想的生态人格，养成良好的生态文明行为，从而全面提升大学生的生态文明素质。

大学生是国家和民族的未来和希望，加强生态环境道德教育特别是提高大学生的生态环境道德修养，是新世纪公民道德建设的要求，也是社会主义现代化建设的客观要求。在当今的时代背景下，加强大学生生态环境教育，强化生态意识，树立一种积极的人与生态环境的道德观念，已成为大学生思想政治教育的迫切问题。大学生必须学会和懂得遵守人和自然交往行为中的各种基本准则，确立人与自然的道德关系，树立人对生态环境的道德意识，养成对自然界和生态环境的正确的道德态度，才能全面提升生态道德修养，形成理想的生态人格，才能成为真正具有良好道德品质的人。

第五章　大学生生态文明教育的理论基础

生态文明教育作为高校思想政治教育的新元素，必然要求扎实的理论基础作为支撑。基于马克思主义是我们党和国家的指导思想，进行生态文明教育，必须以马克思主义生态思想为基本原则，以思想政治教育学科的基本原理和方法理论为理论基础，以生态学、生态伦理学等其他相关学科理论与方法为借鉴。

从宏观的角度来说，生态文明教育作为中国场域中意识形态工作的组成部分，必须以马克思主义世界观和方法论为思想指导，其中尤其需要注意对马克思主义生态思想的继承和发展。从微观的角度来说，大学生生态文明教育作为中国特色社会主义高校思想政治教育的有机组成部分，必须以思想政治教育学科的基本原理和方法理论作为理论基础。除此之外，就其本身的综合性特征而言，生态文明教育对其他相关学科的知识借鉴也是十分必要的。

一、马克思主义的生态思想

马克思主义的生态思想有一个历史演进的过程，它是在对资本主义进行批判中形成的，并在吸取全球生态理论研究成果和实践经验的基础上不断丰富和发展。马克思、恩格斯在他们的著作中阐述了丰富的生态思想，在当代西方马克思主义中形成的生态马克思主义理论学派继承并发展了马克思主义的生态思想。在中国特色社会主义建设的伟大实践中，中国共产党实现了马克思主义生态思想的中国化，提出了建设生态文明的宏伟目标，把生态文明建设纳入社会主义现代化建设"五位一体"总布局，把马克思主义生态思想的理论和实践推进到一个新的高度。①

---

① 骆清. 马克思主义视阈下生态文明思想的历史演进［J］. 传承，2014（4）.

（一）马克思恩格斯著作中的生态思想

德国学者恩斯特·海克尔（1834—1919）于 1866 年在他的《普遍有机体形态学》中第一次使用了"生态学"（ecology）这一新词汇，贴切地说应该是创造了这一概念。作为同时代的人，马克思和恩格斯也对自然界、自然界与人的关系以及通过自然界而产生的人与人的关系进行了深入思考和详细论述，在马克思和恩格斯的著作中有许多地方流露出了大量的生态思想。

马克思、恩格斯的生态思想，主要体现在以下两个方面：

1. 人与自然之间物质变换的思想

（1）人是自然界的一部分。对于人与自然是怎样一种关系的思想，马克思在《1844 年经济学哲学手稿》中就作过深刻的论述："自然界，就它自身不是人的身体而言，是人的无机的身体。人靠自然界生活。这就是说，自然界是人为了不致死亡而必须与之处于持续不断地交互作用的过程。所谓人的肉体生活和精神生活同自然界相联系、不外是说自然界同自身相联系，因为人是自然界的一部分。"① 人不是一个独立于自然之外的东西，而是自然界的一部分，自然界可以没有人，但是人不能没有自然界。所以恩格斯认为："自本世纪自然科学大踏步前进以来，我们越来越有可能学会认识并因而控制那些至少是由我们的最常见的生产行为所引起的较远的自然后果。但是这种事情发生得越多，人们就越是不仅再次地感觉到，而且也认识到自身和自然界的一体性，而那种关于精神和物质、人类和自然、灵魂和肉体之间的对立的荒谬的、反自然的观点，也就越不可能成立了。这种观点自古代衰落以后出现在欧洲并在基督教中取得最高度的发展。"②强调人类和自然并不是对立的关系，人类不过是自然的一部分。

（2）自然界受到人的实践活动的影响。唯物主义历史观认为，人与自然的关系是通过人的实践活动，也即人的生产活动而发生的。因此，人与自然的关系，从实质上讲就是人的生产活动与自然的关系，也正是因为如此，马克思、恩格斯才认为感性自然界的历史实际上反映了人的实践活动的历史。在马克思主义经典作家看来，感性外部世界，也即感性的自然界，"决不是某种开

---

① 马克思恩格斯选集（第 1 卷）［M］．北京：人民出版社，2012：45.
② 马克思恩格斯选集（第 4 卷）［M］．北京：人民出版社，2012：384.

天辟地以来就直接存在的、始终如一的东西，而是工业和社会状况的产物，是历史的产物，是世世代代活动的结果。"① 人类活动不断使环境"人化"，形成所谓的"人化自然"。人类在环境中实现自己，不断印证人的本质力量，并赋予这种力量以历史的性质。

（3）人与自然界的物质变换关系。在马克思看来，建立在生产活动上的人与自然的关系，事实上就是人与自然所进行的物质变换关系，"一切生产都是个人在一定社会形式中并借助这种社会形式而进行的对自然的占有"。"劳动首先是人和自然之间的过程，是人以自身的活动来中介、调整和控制人和自然之间的物质变换的过程。"② 后来恩格斯又把这种物质变换关系表述为新陈代谢关系。

2. 人与自然共同进化的理念

（1）在人与自然的关系活动中，人并不是受动的，而是能动的。因为在人与自然的关系问题上，随着人自身的发展，以及对自然规律的认识与掌握，人与自然所发生的关系，"就越带有经过事先思考的、有计划的、以事先知道的一定目标为取向的行为的特征。"但马克思恩格斯认为，人的主体能动性应建立在对自然的正确认识和对自然规律的遵循的基础上，人不能违背自然规律去从事自己的生产活动。人的生产活动只能建立在对自然规律的遵循上，只有这样，人与自然的物质变换关系才能健康有序的发展，才能使人与自然的关系处于和谐状态，才能使人与自然共同进化与发展。"因此我们每走一步都要记住：我们统治自然界，决不像征服者统治异族人那样，决不是像站在自然界之外的人似的，——相反地，我们连同我们的肉、血和头脑都是属于自然界和存在于自然之中的；我们对自然界的全部统治力量，就在于我们比其他一切生物强，能够认识和正确运用自然规律。"③

（2）生态环境恶化是自然界"报复"人类的表现。虽然这种受一定目的支配的认识与改造自然的活动，使得人类在对自然的征服中不断取得胜利，"但是我们不要过分陶醉于我们对自然界的胜利。对于每一次这样的胜利，自

---

① 马克思恩格斯选集（第1卷）[M]．北京：人民出版社，2012：76.
② 马克思恩格斯选集（第2卷）[M]．北京：人民出版社，2012：177.
③ 马克思恩格斯选集（第4卷）[M]．北京：人民出版社，2012：383－384.

然界都对我们进行报复。每一次胜利，起初确实取得我们预期的结果，但是往后和再往后却发生了完全不同的、出乎预料的影响，常常把最初的结果又消除了"。① 人类对自然的无尽索取，使人与自然之间发生了"物质变换的断裂"，并进一步表现为人与人之间关系的"断裂"。这些"断裂"关系的进一步尖锐化就外在表现为生态危机。

（3）必须对旧有的生产方式进行变革。恩格斯认为："到目前为止的一切生产方式，都仅仅以取得劳动的最近、最直接的效益为目的。那些只是在晚些时候才显现出来的，通过逐渐的重复和积累才产生效应的较远的结果，则完全被忽视了。"针对旧有的生产方式所带来的间接的、较远的社会影响，"仅仅有认识还是不够的。为此需要对我们直到目前为止的生产方式，以及同这种生产方式一起对我们的现今的整个社会制度实行完全的变革"。② 通过这种变革，从而使社会生产方式受联合起来的自由人的支配，"合理地调节他们和自然之间的物质变换，把它置于他们的共同控制之下，而不让它作为一种盲目的力量来统治自己；靠消耗最小的力量，在最无愧于和最适合于他们的人类本性的条件下来进行这种物质变换"。③这些论述所表达的其实就是我们今天倡导的可持续发展的理念。

由此可见，马克思、恩格斯的生态思想的基本精神就是：人是自然界的一部分，人是一个自然存在物，人的生存与发展都不能离开自然界，自然本身就是人的无机身体，它是我们生存与发展的基础。我们每天都必须通过自身的劳动与自然界进行物质、能量、信息的交换，从而维持自己的生存与发展。一旦自然界遭到破坏，我们与自然界的物质变换就会无法正常进行下去，就会中断，最后受危害的还是人自己。因此人与自然的关系，不是一种征服与被征服的关系，也不是一种掠夺与被掠夺的关系，而是一种有机体关系，是一种建立在人的生产基础上的物质变换关系，或人与自然之间的新陈代谢关系。而要保持人与自然之间的物质变换可持续发展，就需要遵循自然规律，通过人自身的活动来合理地调节和控制。通过对旧有的生产方式进行变革，保证人与自然的

---

① 马克思恩格斯选集（第4卷）[M]. 北京：人民出版社，2012：383.
② 马克思恩格斯选集（第4卷）[M]. 北京：人民出版社，2012：385.
③ 马克思恩格斯全集（第46卷）[M]. 北京：人民出版社，2003：928-929.

物质变换关系健康有序的发展，使人与自然的关系处于和谐状态，实现人与自然的共同进化与发展。

（二）中国共产党提倡的生态文明建设思想

中国共产党的领导人，在革命、建设和改革的各个时期，都十分关心环境保护问题，结合我国实际情况探索马克思主义生态思想的中国化。马克思主义生态思想的中国化，就是中国共产党将马克思主义生态思想的基本原理与中国的具体实际相结合的过程。但由于历史条件的限制，作为时代的产物，不同时期的领导人有着不同的论述，表现出马克思主义生态思想在中国不断发展的进程。经过长时间的探索，中国共产党在开创中国特色社会主义伟大事业的过程中，继承和发展了马克思主义生态思想，创造性地提出了生态文明建设的思想。

1. 第一代领导集体生态思想的觉醒与尝试

早在革命战争年代，以毛泽东为代表的中国共产党第一代领导集体就认识到生态环境与农业生产的天然联系以及生态环境恶化对农业经济的影响，指出生态环境保护和建设是发展农业经济的重要内容。1944 年 5 月在延安大学开学典礼上，毛泽东说："陕北的山头都是光的，像个和尚头，我们要种树，使它长上头发。"[1] 由于他对黄土高原缺乏植被、泥沙流失过度的状况有清醒的认识，所以在新中国成立后，立即就提出"植树造林，绿化祖国"。20 世纪70 年代初，随着环境状况的日益恶化，其重大危害引起了第一代领导集体的重视。周恩来连续作出了许多关于环境保护工作的重要性指示，他从马克思主义生态思想的高度对当时资本主义工业的污染根源提出独特的看法："资本主义国家解决不了工业污染公害，是因为他们的私有制生产的无政府和追逐更大利润。我们一定能够解决工业污染，因为我们是社会主义计划经济，是为人民服务的。"[2] 对于环保问题他还提出："要为后代着想"。1973 年 8 月，在周恩来的直接领导下，国务院在北京召开了第一次全国环境保护会议，对我国环境保护工作进行了部署。

---

① 毛泽东文集（三）[M]. 北京：人民出版社，1999.
② 中共中央文献研究室. 周恩来年谱（1949 – 1976）：下卷 [M]. 北京：中央文献出版社，1997：549.

2. 第二代领导集体生态思想的探索与深化

在中国社会主义改革的伟大实践中，作为中国社会主义改革开放和现代化建设的总设计师，邓小平深化了第一代领导集体关于环境保护的认识，将环境保护工作提高到基本国策的战略地位，使马克思主义生态思想得到极大的丰富和发展。其一，敲响了中国环境问题的警钟。在改革开放初期，邓小平及时为中国的生态问题提出了警示。1979 年 10 月，邓小平在会见英国知名人士代表团时提出了"加快经济发展，保护生态环境"① 的思路，指出生态问题作为"重大问题"，是"经济建设中必须尽早注意"的问题。1983 年 12 月，我国在第二次全国环境保护会议上将环境保护作为"我们国家的一项基本国策，是一件关系到子孙后代的大事"。1990 年 12 月邓小平同中央第三代领导集体进行谈话时指出，要把"自然环境保护"问题列为关系全局发展与跨世纪发展的六大战略问题之一。其二，提出我国环境保护工作应纳入法制化、制度化轨道。邓小平指出："加强环境管理，要从人治走向法治，得有一套管理制度。国家有环境保护法，还有专门的单项法规。各个省、市可以根据国家的基本法，制定地方的保护环境法规、条例、细则，做出具体的规定，使我们的工作有法可依，有章可循。"② 在邓小平的指导下，我国制定了一系列环境保护方面的全国性、地方性法律法规。1978 年，第五届人大一次会议通过的《中华人民共和国海洋保护法》明确提出了"国家保护环境和自然资源，防止污染和其他公害"的法律条文。1979 年 9 月，第五届人大十一次会议通过了《中华人民共和国环境保护法》（试行），结束了新中国环境保护无法可依的局面，使我国环境保护法制化进程又向前迈进了一大步。邓小平的生态思想涉及经济、社会和自然环境等诸多方面，体现了邓小平对经济社会发展与环境保护协调一致的深刻理念，在实践中发展了马克思主义生态思想。

3. 第三代领导集体生态思想的开拓与创新

江泽民作为党的第三代领导集体核心，始终站在关系中华民族生存与发展

---

① 邓小平. 邓小平思想年谱（1975 – 1997）［M］. 北京：中央文献出版社，1998：134.

② 国家环境保护总局，中共中央文献研究室编. 新时期环境保护重要文献选编［M］.北京：中共中央出版社、中国环境科学出版社，2001.

的高度密切关注着生态环境问题。江泽民同志汲取以前我国经济社会建设实践的经验教训，总结出"可持续发展"的生态思想。他特别强调环境保护的重要性，"要使广大干部群众在思想上真正明确，破坏资源环境就是破坏生产力，保护资源环境就是保护生产力，改善资源环境就是改善生产力"。① 1995年，江泽民在十四届五中全会上首次提到了可持续发展战略。1997年，在党的十五大报告中他再次强调："在现代化建设中，必须实施可持续发展战略"。并深刻揭示了可持续发展的内涵："所谓可持续发展就是既要考虑当前发展的需要，又要考虑未来发展的需要，不要以牺牲后代人的利益为代价来满足当代人的利益"。江泽民指出："环境保护工作，是实现经济和社会可持续发展战略的基础。"② 在江泽民所作的党的十六大报告中，建设生态良好的文明社会被列为全面建设小康社会的四大目标之一，第一次把生态文明作为与物质文明、政治文明和精神文明并列的社会文明载入党的文献。这些新思想是对马克思主义生态思想的具体运用和进一步的丰富和发展。

4. 科学发展观中生态思想的升华与飞跃

进入 21 世纪，以胡锦涛为主要代表的中国共产党人，紧紧抓住我国发展的重要战略机遇期，形成了科学发展观，带领中国人民战胜一系列重大挑战，奋力把中国特色社会主义推进到一个新的发展阶段。科学发展观把马克思主义生态思想与中国现代化建设的实际紧密结合起来，提出了加强生态文明建设的思想。胡锦涛指出，马克思主义经典作家认为，未来理想社会是生产力高度发达和人的精神生活高度发展的社会，是每个人自由而全面发展的社会，是人与人和谐相处，人与自然和谐共生的社会。2004 年，党的十六届四中全会提出了构建社会主义和谐社会的战略任务；2007 年，党的十七大报告在全面建设小康社会奋斗目标的新要求中，第一次明确提出了建设生态文明的目标："建设生态文明，基本形成节约能源资源和保护生态环境的产业结构、增长方式、消费模式。循环经济形成较大规模，可再生能源比重显著上升。主要污染物排

---

①　江泽民. 江泽民论有中国特色社会主义 ［M］. 北京：中央文献出版社，2002：282.

②　中共中央文献研究室编. 江泽民同志论有中国特色社会主义 ［M］. 北京：中央文献出版社，2002.

放得到有效控制，生态环境质量明显改善。生态文明观念在全社会牢固树立。"2012年，胡锦涛在党的十八大报告中强调"把生态文明建设放在突出地位，融入经济建设、政治建设、文化建设、社会建设各方面和全过程，努力建设美丽中国，实现中华民族永续发展"①，充分体现了马克思主义生态思想的传承和升华，是马克思主义生态思想中国化的新成果。

（三）习近平生态文明思想

自2012年党的十八大首提"美丽中国"、将生态文明建设纳入"五位一体"总体布局以来，习近平总书记高度重视生态文明建设，多次发表有关重要讲话、作出重要批示。在2018年5月召开的全国第八次生态环境保护大会上以及中共中央国务院随后印发的《关于全面加强生态环境保护坚决打好污染防治攻坚战的意见》中，习近平生态文明思想首次正式地得到了系统阐述与完整表达，成为新时代我国生态文明建设的根本遵循和行动指南。毫无疑问，作为习近平新时代中国特色社会主义思想的重要组成部分，习近平生态文明思想是马克思主义生态思想发展的最新成果。

习近平同志在从河北到福建，再到浙江、上海的工作实践中，传承中华文明"天人合一"精髓，将马克思主义中国化，吸收中外文明研究方面的最新成果，一以贯之，并不断升华，形成了系统的生态文明思想，其内涵主要体现在以下方面。

以"人与自然和谐共生"为本质要求。随着我国迈入新时代，生态环境是关系党的使命宗旨的重大政治问题，也是关系民生的重大社会问题。我们应像保护眼睛一样保护生态环境，像对待生命一样对待生态环境，让自然生态美景永驻人间。在人类发展史上，发生过大量破坏自然生态的事件，酿成惨痛教训。恩格斯指出："我们不要过分陶醉于我们人类对自然界的胜利。对于每一次这样的胜利，自然界都对我们进行报复。"因此，人类只有尊重自然、顺应自然、保护自然，才能实现经济社会可持续发展。

以"绿水青山就是金山银山"为基本内核。自然生态是有价值的，保护自然就是增值自然价值和自然资本的过程；生态环境价值，也是随发展而变化

---

① 胡锦涛.坚定不移沿着中国特色社会主义道路前进为全面建成小康社会而奋斗[M].北京：人民出版社，2012：41.

的。"既要绿水青山，也要金山银山"，强调两者兼顾，要立足当前，着眼长远。"宁要绿水青山，不要金山银山"，说明生态环境一旦遭到破坏就难以恢复，因而宁愿不开发也不能破坏。绿水青山也可以转化为金山银山。我们要贯彻创新、协调、绿色、开放、共享发展理念，用集约、循环、可持续方式做大"金山银山"，形成节约资源和保护环境的空间格局、产业结构、生产方式、生活方式，给自然生态留下休养生息的时间和空间。

以"良好生态环境是最普惠民生福祉"为宗旨精神。生态文明建设，不仅可以改善民生，增进群众福祉，还可以让人民群众公平享受发展成果。随着物质文化生活水平不断提高，城乡居民的需求也在升级。他们不仅关注"吃饱穿暖"，还增加了对良好生态环境的诉求，更加关注饮用水安全、空气质量等议题。创造良好的生态环境，目的在民生，也是对人民群众生态产品需求日益增长的积极回应。我们应当坚持生态惠民、生态利民、生态为民，重点解决损害群众健康的突出环境问题，不断满足人民日益增长的优美生态环境需要，使生态文明建设成果惠及全体人民，既让人民群众充分享受绿色福利，也造福子孙后代。

以"山水林田湖草是生命共同体"为系统思想。人类生存和发展的自然系统，是社会、经济和自然的复合系统，是普遍联系的有机整体。人类只有遵循自然规律，生态系统才能始终保持在稳定、和谐、前进的状态，才能持续焕发生机活力。因此，我们要统筹兼顾、整体施策，自觉地推动绿色发展、循环发展、低碳发展；多措并举，对自然空间用途进行统一管制，使生态系统功能和居民健康得到最大限度的保护，全方位、全地域、全过程建设生态文明，使经济、社会、文化和自然得到协调、持续发展。

以"最严格制度最严密法治保护生态环境"为重要抓手。党的十八大以来，我们开展一系列根本性、开创性、长远性工作，完善法律法规，建立并实施中央环境保护督察制度，深入实施大气、水、土壤污染防治三大行动计划，推动生态环境保护发生历史性、转折性、全局性变化。与此同时，生态文明建设处于压力叠加、负重前行的关键期，我们必须咬紧牙关，爬过这个坡，迈过这道坎。未来，我们必须加快制度创新，不断完善环境保护法规和标准体系并加以严格执法，让制度成为刚性的约束和不可触碰的高压线，环境司法应当愈加深入，监督应当常态化，环境信息得到越来越及时完整披露，公众参与应当越来越有序有效，守法应当成为企业的责任。

以"共谋全球生态文明建设"彰显大国担当。习近平总书记以全球视野、世界眼光、人类胸怀，积极推动治国理政理念走向更高视野、更广时空。保护生态环境，应对气候变化，是人类面临的共同挑战。习近平总书记在多个国际场合宣称，中国将继续承担应尽的国际义务，同世界各国深入开展生态文明领域的交流合作，推动成果共享，携手共建生态良好的地球美好家园。说到做到，中国将深度参与全球环境治理，通过"一带一路"建设等多边合作机制，形成世界环境保护和可持续发展的解决方案，成为全球生态文明建设的重要参与者、贡献者、引领者。

运用辩证唯物主义和历史唯物主义的基本原理和主要观点深入分析习近平生态文明思想，有利于进一步理解其包含着的深厚马克思主义哲学底蕴，加强贯彻习近平生态文明思想的自觉性和主动性。①

1. 从唯物主义的深度正确认识人与自然之间的关系，坚持人与自然和谐共生，是习近平生态文明思想的世界观基础。

对于人与自然的关系，古今中外有过许多不同的看法，虽然其中不乏一些真知灼见，但最科学的观点还是来自马克思主义。在马克思主义的世界观里，物质是第一性的，自然界作为人类以外的世界是一个客观的存在，有其自身运行的规律，不以人的意志为转移。但是自然界并不是一个孤立的存在，因为人靠自然界生活，人的肉体生活和精神生活都同自然界相联系，人的主观能动性必然作用于自然界。但从主次关系来看，虽然人是万物之灵长，但是作为自然之子，人终究来于自然，也终将归于自然。不管人类文明演进到什么程度，人的生存和发展都离不开自然界这一外部环境。所以马克思经典作家说，人是自然界的一部分。② 只是从哲学的主体维度意义上，我们把自然界作为人类活动的客体对象，探索如何以人为本去认识自然和改造自然，但这并不能否定人类从属于自然的事实。

正确认识人与自然的关系是搞好生态文明建设的实践论基础。列宁在阐述马克思主义唯物主义时认为："承认自然界的客观规律性和这个规律性在人脑

---

① 骆清. 习近平生态文明思想的哲学底蕴 [J]. 环境与发展, 2019 (02).
② 马克思恩格斯选集（第1卷）[M]. 北京：人民出版社, 2012：55－56.

中近似正确的反映，就是唯物主义"。① 正是基于中国特色社会主义伟大实践过程中的不断认识，习近平特别强调"人与自然是生命共同体，人类必须尊重自然、顺应自然、保护自然"。② 作为大自然中的一员，人类虽然可以在认识自然的基础上局部地改造自然，但是不可能凌驾于整个自然之上。尊重自然是指在人类在处理人与自然关系时应对自然规律进行客观认识和由衷敬畏，顺应自然是指人类在谋求自身的生存与发展时应对自然规律进行真心顺从和妥善利用，保护自然是指人类基于对人与自然关系的正确认识而采取的积极行动和主动应对。因为"人与自然是一种共生关系，对自然的伤害最终会伤及人类自身"③，所以说保护自然就是保护人类。在党的十九大报告中，习近平把"坚持人与自然和谐共生"作为新时代坚持和发展中国特色社会主义的十四个基本方略之一，要求"像保护眼睛一样保护生态环境，像对待生命一样对待生态环境"。把生态环境摆在这么重要的地位，完全是基于马克思主义世界观中对人与自然关系的唯物主义认识，这也是习近平生态文明思想的核心内容和重要哲学基础。

2. 从辩证统一的角度全面理解环境保护和经济发展之间的关系，坚持绿水青山就是金山银山，是习近平生态文明思想的方法论演绎。

长期以来，基于工业化大生产的实践，人们总是存在一种观念，如果把环境保护看作绿水青山，经济发展看作金山银山，那么两者就是一对矛盾关系，必然不可兼得。许多人认为目前中国出现的生态破坏和环境污染是40年改革开放过程中经济高速发展必须付出的代价，因此整个社会以经济发展的成就作为挡箭牌，对生态破坏一忍再忍，对环境污染心安理得，对群众的意见无动于衷。但从马克思主义辩证法的角度看，这完全是片面的、错误的观点，因为它只揭示了两个事物关系之间对立的一面，没有看到矛盾关系统一的一面。可以说，把环境保护和经济发展割裂开来，甚至对立起来的观点正是工业文明发展

---

① 列宁专题文集．论辩证唯物主义和历史唯物主义［M］．北京．人民出版社，2009：60.

② 习近平．决胜全面建成小康社会 夺取新时代中国特色社会主义伟大胜利——在中国共产党第十九次全国代表大会上的报告［N］．人民日报，2017－10－28（1）.

③ 十九大报告关键词编写组．十九大报告关键词［M］．北京：党建读物出版社，2017：134.

模式留下的恶果。实践证明，依靠破坏生态来追求经济发展无异于"竭泽而渔"，而停止经济发展来实现环境保护则是"因噎废食"。寻求经济发展与环境保护的和谐统一，不但是可能的，也是人类文明进行范式转换必然的要求，生态文明理念应运而生。

习近平在 2005 年担任浙江省委书记考察安吉时就提出了"绿水青山就是金山银山"的观点，在 2013 年出访哈萨克斯坦发表演讲时进一步全面阐述，娴熟地运用马克思主义唯物辩证法形象而深刻揭示了环境保护与经济发展之间的对立统一关系。以前我们对生产力的理解就是人类通过改造自然生产产品的力量，其实这只是科学技术形成的社会生产力，在马克思的许多著作中尤其是《资本论》里，他还详细阐述了产生级差地租的自然生产力。"生产力理论的形成与历史唯物主义的获得是一致的。"① 自然生产力作为生产力的重要组成部分，与人类文明形成的社会生产力同样也是对立统一的关系。习近平多次强调："要牢固树立保护生态环境就是保护生产力、改善生态环境就是发展生产力的理念"②，这既是对马克思主义生产力理论的继承，也是对社会生产力和自然生产力两者之间辩证关系认识上的重大发展。基于"绿水青山就是金山银山"的辩证统一的观点，习近平关于"生态兴则文明兴、生态衰则文明衰"的论述，以及对"绿色发展"的重视等生态文明思想都是运用马克思主义方法论在生态文明建设方面的科学演绎。

3. 从唯物史观的高度客观把握美丽中国和美好生活之间的关系，坚持良好生态环境是最普惠的民生福祉，是习近平生态文明思想的价值旨归。

为什么党和政府这么重视生态文明建设，提出构建美丽中国的奋斗目标？从马克思主义唯物史观的基本观点出发，社会生产力与生产关系这对基本矛盾的运动是促进社会发展的动力。基于"贫穷不是社会主义"的认识，我们通过改革开放大力解放了生产力并发展了生产力，基本解决了人民群众日益增长的物质文化需求同落后的社会生产力之间的矛盾，实现了中国人民"富起来"的伟大成就。习近平在党的十九大报告中指出，新时代中国社会的主要矛盾已

① 马克思恩格斯全集，第20卷 [M]．北京：人民出版社，1971：320.
② 习近平．坚持节约资源和保护环境基本国策 努力走向社会主义生态文明新时代[N]．人民日报，2013-5-25（1）.

经转化为人民日益增长的美好生活需要和不平衡不充分的发展之间的矛盾。虽然我们通过"历史性的变革"取得了"历史性的成就"，创造了中国奇迹，但是发展不平衡不充分的问题还十分突出，其中生态文明建设是发展中最大的短板，良好的生态成为人民群众对美好生活最强烈的需要。

习近平遵循马克思主义"以人民为中心"的群众史观，坚持人民既是发展的主体，也是发展的目的这一最高价值标准，强调发展必须依靠人民，发展的目的是为了人民，发展的成果应该由人民共享。他2013年在海南考察时提出："良好生态环境是最公平的公共产品，是最普惠的民生福祉"。[①] 他认为生态环境的好坏不仅是关系党的使命宗旨的重大政治问题，也是关系民生的重大社会问题。在生态文明建设方面，应坚持生态惠民、生态利民、生态为民的原则，不断满足人民日益增长的对优美生态环境的需要，打造一个天蓝、地净、水美的美丽中国。他还强调通过加强生态文明宣传教育来把建设美丽中国化为人民群众共同参与共同建设共同享有的伟大事业。习近平的"环境就是民生、青山就是美丽、蓝天也是幸福"等思想都高度契合了马克思主义哲学价值观的终极追求。

除此之外，习近平生态文明思想中还有很多方面体现了马克思主义哲学底蕴。比如"坚持山水林田湖草是生命共同体"的思想就反映了事物之间的普遍联系的观点，作为一个统一的有机整体，生态环境的治理不能再头痛医头脚痛医脚，必然要求按照系统工程的思路整体推进。习近平把自然修复的"度"称为"生态红线"，指出生态红线是国家生态安全的底线和生命线，一旦突破就会危及生态系统安全，对人民的生产生活和国家的可持续发展造成严重影响[②]，这些都体现了马克思主义辩证法中关于度的把握……总体来说，习近平生态文明思想的形成，是在建设中国特色社会主义伟大事业实践中，对马克思主义世界观和方法论成功运用的光辉典范。正因为习近平生态文明思想包含着深厚的马克思主义哲学底蕴，所以才能成为新时代我国生态文明建设的根本遵

---

① 习近平.加快国际旅游岛建设 谱写美丽中国海南篇［N］.人民日报，2013－4－11（1）.

② 中共中央宣传部.习近平系列重要讲话读本［M］.北京：学习出版社、人民出版社，2014：126.

循和行动指南。

二、思想政治教育相关原理与方法

大学生生态文明教育是高校思想政治教育的重要组成部分，必须遵循思想政治教育的基本原理和方法。以 1984 年为起点，经过近 40 年的发展，思想政治教育作为一门独立学科已形成完整的理论体系，并在守正创新中不断发展。在大学生生态文明教育的理论研究与工作实践中应特别注意以下一些基本原理与方法理论。

（一）思想品德形成发展论

关于人的思想品德的形成发展过程，迄今为止，国内学界主要有三种代表性的观点。一种观点被称为"内因论"，认为思想品德是由人的内在因素决定的，人的自身状态，如思想意识、行为习惯、兴趣爱好以及身心其他方面的情况是影响思想品德的最重要因素。另一种观点被称为"外因论"，认为人的思想品德是环境影响和教育的结果，而忽视人的内在因素的作用。[①] 这两种观点的片面性是显而易见的。还有一种以全面、辩证的观点，被称之为"内外因论"，认为人的思想品德既不是起因于自我意识的主体，也不是客观外界因素在个体自身的消极反应，而是在主体实践的过程中主客体相互作用的结果；人的思想品德是主观因素和客观因素交互作用的产物，思想品德形成发展过程是外部制约和内在转化的辩证统一过程。[②] 正如陈万柏、张耀灿在《思想政治教育学原理》一书中将人的思想品德形成与发展的规律概括为："人的思想品德是在社会实践的基础上，在客观外界条件的影响与主观内部因素的相互作用、相互协调和主体内在的思想矛盾运动转化的过程中产生、发展和变化的。"

（二）思想政治教育环体与载体论

从一般意义上来讲，环境是指环绕在人的周围并给人以某种影响的客观现实，即人的生活的所有外部条件的总和。思想政治教育环体也就是思想政治教育环境，而思想政治教育环境是指对思想政治教育活动以及思想政治教育对象

---

① 杨鸿昌．品德形成的两因论［N］．光明日报，1987－03－20．

② 陈万柏，张耀灿．思想政治教育学原理［M］．北京：高等教育出版社，2007：119．

的思想品德形成和发展产生影响的一切外部因素的总和。思想政治教育环体具有广泛性、动态性、特定性以及可创性等特点。从系统论的角度，思想政治教育环境可分为外部环境和内部环境。外部环境是指独立于思想政治教育系统之外，对整个思想政治教育系统产生影响的环境，主要包括自然环境、政治环境、经济环境等。内部环境主要是指思想政治教育者与教育对象在思想政治教育过程中依据一定教育目的有计划选择、加工、改造和重组对思想政治教育对象发生感染、激励、鼓舞、促进作用的环境，如时间环境、空间环境、语言环境等。

思想政治教育载体是指承载、传导思想政治教育因素，能为思想政治教育主体所运用，且主客体可借此相互作用的一种思想政治教育活动形式。它通常包括大众传媒载体、活动载体、文化载体、管理载体等，具有时代性、灵活性、多样性等特征。成为思想政治教育载体必须具备两个条件：一是必须承载思想政治教育信息，并且能够被教育者所操作；二是必须是联系主客体的一种形式，主客体可以借助这种形式发生互动。思想政治教育载体不是一成不变的，随着社会的发展和变化，不断变更。目前，由于思想政治教育明显出现了社会化的趋向，新兴的教育主客体身份，新兴的社会发展态势，需要创造覆盖面更广、承载思想信息更多、更加便于操作的载体。① 湖南省教育系统认真贯彻落实党中央的部署要求，把思想政治工作作为高校首要任务，着力推动习近平新时代中国特色社会主义思想和党的十九大精神进校园，形成了课程、科研、实践、文化、网络、心理、管理、服务、资助、组织等"十大育人体系"，构建了以社会主义核心价值观为引领的"三全育人"体系，这也是对拓展思想政治教育载体的有益探索。

（三）思想政治教育方法论

思想政治教育方法作为思想政治教育内容和教育对象之间的桥梁和纽带，对于思想政治教育活动的开展和教育目标的实现具有重要的意义。思想政治教育方法可以分为以下几种：在思想政治教育中起主导作用的、其他方法不可替代的基本方法（包括理论教育法、实践教育法、批评与自我批评的方法）；在

---

① 张耀灿等．现代思想政治教育学［M］．北京：人民出版社，2001：366.

一般情况下经常运用的一般方法或通用方法（包括疏导教育法、比较教育法、典型教育法、自我教育法、激励、感染教育法）；适用于特殊情况和解决特殊问题的特殊方法（包括预防教育法、心理教育法、思想转化法、冲突缓解法）；适用于解决各种复杂问题的综合方法（包括教育与自我教育的结合，家庭教育、社会教育和学校教育相结合，思想教育同专业教育相结合，校园文化建设等）。这些方法适用于不同的范围和各种特定的情况，在实际运用时，要根据教育对象和教育环境的具体情况进行选择，使教育方法具有针对性和有效性。

现在流行的思想政治教育方法主要有四种：道德讨论法、价值澄清法、社会学习方法和隐性教育法。道德讨论法概括起来讲，就是通过引导学生对道德两难问题开展讨论，诱发认知冲突，促进积极的道德思维，从而促进道德判断发展的方法。价值澄清法认为，教师不能把价值观直接教给学生，而只能通过分析评价等方法帮助学生形成适合本人的价值观体系，这一方法的主要任务不是认同和传授"正确"的价值观，而是致力于帮助人们澄清自身的价值观，并把分析澄清价值观的过程作为价值观评价认同的过程。根据社会学习方法的理论，学习既是反映过程，也是认知过程。根据该原理，教育者的任务就是要善于利用典型的榜样，引导帮助受教育者观察、学习、模仿、认同好的榜样。

隐性教育法指思想政治教育受教育者在无意识和不自觉的情况下，受到一定感染体或环境影响、感化而接受教育的方法。隐性教育法借助研究和开发隐性课程，通过感染的方式，在潜移默化中起教育作用。感染教育按不同的活动方式和感染内容划分，可以分为形象感染、艺术感染和群体感染等。[①] 刘新庚教授认为，现实生活中的每个个体都置身于不同的群体，每个个体都相互影响、相互感染。群体感染有一种强大的群体心理暗示作用，即当一个人处于群体之中时，个人理性往往会屈从于群体情感。[②] 隐性教育法是相对于显性教育法而存在的思想政治教育实施方法。它是利用人们社会实践和人生活动（组织管理、职业活动、人际交往、文化娱乐等），使人们在不知不觉中接受教育

---

① 郑永廷. 思想政治教育方法论［M］. 北京：高等教育出版社，1999：152－154.
② 刘新庚. 现代思想政治教育方法论［M］. 北京：人民出版社，2008：168.

的方法。① 后现代主义课程理论的代表人物，美国学者杰克逊（P. W. Jackson）在 1968 年出版的《班级生活》一书中，首次使用了"隐性课程"这一概念，并把它界定为班级生活的结构性特征。随后，利比特（L. K. Lippit）和怀特（R. K. White）等人对隐性课程作用的进一步研究表明：隐性课程中的教育性因素对于学生学习态度和学习成果具有重要影响，这一影响甚至要高于显性课程对其的影响，这引起了人们对于隐性课程所具有的重要作用的越来越多的关注。

三、生态学与生态伦理学相关理论

生态学与生态伦理学是有关生态的最重要的学科，它们的形成与发展对生态文明思想产生了最直接的影响，生态文明教育必须借鉴生态学和生态伦理学的相关理论和方法。

（一）生态学有关理论

1866 年，德国生物学家 E. 海克尔（Ernst Haeckel）最早提出生态学的概念，他当时认为"生态学"是研究动植物及其环境间、动物与植物之间及其对生态系统的影响的一门学科。《辞海》（第六版彩图本）将生态学解释为"研究生物之间及生物与非生物之间相互关系的学科……生态学不仅是生物资源开发与利用的基础学科之一，而且与农、林、牧、副、渔、医和城乡建设等都有密切关系。"② 生态学有自己的研究对象、任务和方法的比较完整和独立的学科。它们的研究方法经过描述—实验—物质定量三个过程。系统论、控制论、信息论的概念和方法的引入，促进了生态学理论的发展。

生态学的一般规律大致可从种群、群落、生态系统和人与环境的关系四个方面说明。1. 在环境无明显变化的条件下，种群数量有保持稳定的趋势。一个种群所栖环境的空间和资源是有限的，只能承载一定数量的生物，承载量接近饱和时，如果种群数量（密度）再增加，增长率则会下降乃至出现负值，使种群数量减少；而当种群数量（密度）减少到一定限度时，增长率会再度

---

① 罗洪铁，董娅. 思想政治教育原理与方法—基础理论研究［M］. 北京：人民出版社，2005：441.

② 夏征农等. 辞海（第六版彩图本）［M］. 上海辞书出版社，2009：2022.

上升，最终使种群数量达到该环境允许的稳定水平。2. 一个生物群落中的任何物种都与其他物种存在着相互依赖和相互制约的关系。常见的有：（1）食物链。居于相邻环节的两物种的数量比例有保持相对稳定的趋势。如捕食者的生存依赖于被捕食者，其数量也受被捕食者的制约；而被捕食者的生存和数量也同样受捕食者的制约。两者间的数量保持相对稳定。（2）竞争。在长期进化中，竞争促进了物种的生态特性的分化，结果使竞争关系得到缓和，并使生物群落产生出一定的结构。（3）互利共生。以上几种关系使生物群落表现出复杂而稳定的结构，即生态平衡，平衡的破坏常可能导致某种生物资源的永久性丧失。3. 生态系统的代谢功能就是保持生命所需的物质不断循环再生。人们在改造自然的过程中须注意到物质代谢的规律。一方面，在生产中只能因势利导，合理开发生物资源，而不可只顾一时，竭泽而渔。另一方面，还应控制环境污染，由于大量有毒的工业废物进入环境，超越了生态系统和生物圈的降解和自净能力，因而造成毒物积累，损害了人类与其他生物的生活环境。4. 生物进化就是生物与环境交互作用的产物。随着人类活动领域的扩展，对环境的影响也越加明显。在改造自然的活动中，人类自觉或不自觉地做了不少违背自然规律的事，损害了自身利益。如大量的工业污染直接危害人类自身健康等，这些都是人与环境交互作用的结果，是大自然受破坏后所产生的一种反作用。

（二）生态伦理学有关理论

20 世纪中期，生态环境问题的产生和加剧，促使西方国家的学者和政府开始从道德的角度去审视和关注生态环境现象，将人与自然的关系纳入伦理道德的调整范畴，提出了生态伦理观念，推进了关于人与自然的道德研究，逐渐形成了生态伦理学，或称为环境伦理学。正如美国戴维·贾丁斯（Joseph R. Des Jardins）指出："环境问题提出了我们该如何生活这样的基本问题。这类问题是哲学上和伦理学上的问题，它需要用哲学上较为复杂的方式来解决。"①

西方学者对生态伦理学的探讨和研究经历了一个很长的过程，从 18 世纪

---

① ［美］戴维·贾丁斯. 环境伦理学［M］. 北京：北京大学出版社，2002：7 - 8.

末开始孕育，到 20 世纪中叶，生态伦理学创立，再到 20 世纪 80 年代，获得全面发展，其后，系统的生态哲学开始发展。从总体上来看，这些理论的价值在于把道德对象的范围从人际关系领域扩展到了人与自然的领域，尽管其具体理论内容各具特色，但精神实质是不矛盾的、不排斥的，而是相互补充，是可以并行不悖的。它告诉我们，要树立和坚持人、自然和社会和谐发展的观点，要反对狭隘的人类中心论，不能单纯地强调从人类自身需要和利益出发无节制地向自然索取，而应尊重自然界其他生物生存和发展的权利，注重维持生态平衡和整个自然界的可持续发展；要坚持以代内平等和代际平等为内容的人类平等和人与自然平等的道德原则。同时，这些思想对当代西方的环境保护产生了广泛而深刻的影响，充分说明了生态道德教育存在的必要性，也为我国生态文明教育提供了丰富的理论资源。

在我国，生态伦理学研究始于 20 世纪 80 年代。20 世纪 80 年代初，人们开始关注人与自然的伦理关系问题，尝试从哲学、伦理学等角度研究社会发展与环境保护、人与自然的关系定位。随着国内生态伦理萌芽的孕育和国际生态伦理发展的启发，中国的生态伦理学开始作为一门学科得以深入研究。1992 年刘湘溶撰写了《生态伦理学》一书，成为生态伦理学科的开山之作。1993 年李春秋、陈春花和 1994 年叶平先后撰写了《生态伦理学》专著，1995 年俞谋昌撰写了《惩罚中的觉醒——走向生态伦理学》一书等。20 世纪 90 年代后期至今，中国的生态伦理学研究在探索基础理论、梳理西方生态伦理学流派及其观点、挖掘我国传统生态智慧等方面取得了显著成果，推动了生态伦理理念的普及和生态伦理学学科的建立。

生态伦理学的创建和发展为生态文明教育提供了理论基础和前提性条件。在传统伦理文化中，伦理即人伦之理，道德即为人之道，待人之德，其调整的范畴是人与人之间的关系，"是关于人的价值判断或意义规定"。① 而生态伦理学关键题就是拓展传统伦理的范畴，即用道德手段来调整人与自然的关系。生态道德是伦理学理论系统的新发展，是道德调整范畴的新扩展，它把人与自然的关系纳入到了道德调整的范围，也就把自然置于与人同等重要的价值地位上，成为道德主体的一种，彻底打破了"人是惟一的道德顾客，只有人才有

---

① 李培超. 自然的伦理尊严［M］. 南昌：江西人民出版社，2001：7.

资格获得道德关怀"① 的传统观念。生态道德教育是生态伦理哲学与道德教育的内在结合的产物，它是生态伦理学"走向生活"及弘扬其价值理念的过程和方式，而生态道德教育实现方法又是达到和提升生态道德教育效果的措施和手段。

（三）环境治理有关理论②

在党的十九大报告中，习近平围绕"建设美丽中国"进行了深入论述，这些论断作为马克思主义生态思想不断发展的最新成果，标志着习近平生态文明思想的正式形成。学术界对习近平生态文明思想进行了广泛的研究，取得了丰富的成果，但对于最重要的实践问题却研究不多，深入不够。如何坚持以习近平生态文明思想为指导，在搞好顶层设计的基础上，从国家的制度建设、企业的利益导向、社会的广泛参与和公民的思想教育等方面有力推进，最终构建起政府为主导、企业为主体、社会组织和公众共同参与的有效环境治理体系，是全面践行习近平生态文明思想的着力点所在。

1. 有效发挥政府在环境治理中的主导作用

党的十八大以来，习近平特别强调要有效发挥政府在环境治理中的主导作用。从政府主导而言，践行习近平生态文明思想主要应该在搞好顶层设计、完善制度体系的基础上，加强环境执法和督查，坚决守住生态红线。

（1）搞好生态文明建设的顶层设计

社会主义生态文明建设是一项伟大事业，在我国幅员辽阔的大地上如何进行生态文明建设，不能简单地"摸着石头过河"，也不能各地"八仙过海各显神通"，必须高瞻远瞩，统筹安排，在不同层面搞好顶层设计。习近平认为生态文明建设是一个浩大的系统工程，不能头痛医头脚痛医脚，必须站在党和国家层面全盘考虑，提前规划。为此我国在 2015 年紧锣密鼓地出台了《关于加快推进生态文明建设的意见》和《生态文明体制改革总体方案》等文件，为落实生态文明建设任务做出了全面部署。

习近平在党的十九大报告中进一步明确了建设美丽中国的"时间表"和

---

① 吴玉福. 谈天人合一 ［J］. 自然辩证法研究，1994（8）.
② 骆清. 环境治理：践行习近平生态文明思想的着力点 ［J］. 中国环境管理干部学院学报，2019（04）.

"路线图"。宏图虽然已经绘就，但是我们也必须认识到，冰冻三尺非一日之寒，环境问题是个日积月累的结果，我国要在短时间内实现这些伟大目标，必须在生态文明建设方面加强各个层面的总体设计和组织领导。加强生态文明建设的顶层设计，要求各级政府在规划当地的经济和社会发展、制定各项具体政策的时候，真正把生态文明建设目标转化为具体的"绿色指标"，有机融入本地经济、政治、文化和社会建设的各个领域之中。

（2）完善生态文明建设的制度体系

建设美丽中国必须实现我国环境治理体系和治理能力的现代化，必须进一步完善我国现有的生态文明建设制度体系，尤其是健全生态法制体系，为环境治理提供制度保障。正如习近平指出的：要靠法制来保护环境。[①] 他特别强调用严格的法律制度来保护生态环境，通过健全的法律来有效约束对环境的开发行为，通过完善的制度来促进绿色发展、循环经济和低碳生活的形成，认为这才是搞好生态文明建设的长效措施与有力保证。

近年来，注重通过法律手段来保护自然资源、治理环境污染已经成为政府和公众的重要共识。大家已经认识到，保护生态环境最有力的武器还是"最严格的制度和最严密的法治"。但在具体的运行过程中，还有许多需要不断完善的地方，比如如何使生态补偿机制更加市场化和多元化，如何根据各地不同的功能分区构建国土空间开发保护体系，如何借鉴国外经验通过设立国家公园来完善自然保护地机制等方面，还需要在已有试点经验的基础上进一步细化规则，增强制度的配套性和可操作性。只有努力加快生态保护的制度创新，并不断强化制度的执行，让生态保护制度真正具有刚性的约束力，才能完成生态文明建设这场绿色革命性变革。

（3）加强环境执法和督查

生态文明建设的有关制度必须得到严格执行才会具有生命力。但是现实生活中，一些企业的管理者，以及政府的少数官员，并没有在头脑里、行动中将生态问题上升到"法治"的高度，他们对于生态环境保护的有关政策和法律法规进行区别对待，并没有认真执行。客观现状需要我国进一步加强环境执法

---

① 中共中央关于全面推进依法治国若干重大问题的决定［N］.人民日报，2014-10-29（1）.

和督查，真正让生态法制成为硬约束，而不是软指标。我国《环境保护督察方案（试行)》中已对环境保护方面的"党政同责"和"一岗双责"做出了规定，明确了对相关负责人的追责情形和认定程序，这种制度性安排，目的就是要解决生态环保领域中慢作为、不作为、乱作为的问题。

中央环保督察组自 2015 年底启动河北环境保护督察试点以来，用两年时间完成了环保督察全覆盖，共计问责超过 1.8 万人，开展了包括吉林省取缔长白山违规建设高尔夫球场项目，海南省清查违法违规填海项目等一系列大动作，其中甘肃省祁连山环境督查案例尤其典型，这场"最严环保问责风暴"被舆论称为中国环保事业的里程碑，教育与警示意义是巨大的。但是需要看到的是，环境损害问题由来已久，目前来说，环境督查的面还不够广泛，环境执法的严肃性还需要加强，环境督查的长效机制还有待完善。

（4）坚决守住生态红线

习近平在多个场合提出了"生态红线"的概念，指出生态红线是国家生态安全的底线和生命线，必须严防死守不能突破。在生态红线问题上，他强调谁都不能越雷池一步，否则就应该受到最严厉的惩罚。[①] 在国家整体安全观的宣传教育下，一方面，人民的生态安全意识进一步加强，生态安全是一切安全的基础已成为全社会的共识。另一方面，保障生态安全在具体工作上还需进一步细化，正如习近平指出的，究竟哪些要列入生态红线，如何从制度上守好生态红线，要进行精心的研究和充分的论证。只有坚决守住生态保护红线，才能为我国的生态安全提供最基本的保障，也为全球的生态安全作出中国应有的贡献。

2. 充分落实企业在环境治理中的主体地位

企业作为现代化大生产的基本经济组织，是造成环境问题的主要源头，也是国家环境治理体系中的重要主体。在企业主体方面，践行习近平生态文明思想，要强化企业的生态责任，注重经济利益导向，落实好绿色发展理念。

（1）强化企业生态责任

企业作为社会经济活动的重要主体，除了致力追求自身经济目标外，还应该兼顾包括员工、消费者、政府和社区等在内的所有利益相关者的诉求，承担

---

① 习近平. 习近平谈治国理政 [M]. 北京：外文出版社，2014：209.

相应的社会责任。虽然理论界早就指出企业在环境保护方面应承担更多的责任，但一直以来没有受到应有的重视，企业的生态责任也没有得到真正落实。担当应有的生态责任，要求企业在进行生产的时候，既要节约使用自然资源也要注重投入生态修复，既要通过创造更多社会财富满足人民日益增长的物质生活需要，也要通过提供更优生态产品满足人民日益增长的美好环境需要。

强化企业的生态责任，就是明确要求企业采取现行有效的措施，将自身对环境的负外部性影响降至力所能及的水平，成为"资源节约型和环境友好型"的生态企业。一方面，企业的生态责任是企业的内在价值观在环境保护方面的具体体现和主动担当，是整个社会弘扬的生态文明理念对企业行为隐性的道德约束与伦理引导。另一方面，企业的生态责任也是一种来自政府和社会的外在强制性义务，是国家强化环境保护职能的管理要求与必然结果。除了企业的自觉履行外，也要求通过生态责任追究制度和环境损害赔偿制度来加大对环境污染行为的惩处力度，进一步强化企业的生态责任落实。强化企业的生态责任必然要求企业的发展规划和目标愿景融入生态文明理念，企业的经营机制遵守节约资源与保护环境的国家政策。实践证明，强化生态责任虽然短期会对企业带来一些约束和影响，但长远来看不但不会限制企业的发展，反而会提升企业在市场中的竞争力，因为企业只有在产品的设计、生产、销售和回收整个流程中贯彻绿色发展理念，尽可能地节约资源、保护环境，才能为法律所允许和市场所接受，也才能得到社会的认可和消费者的喜爱。

（2）注重经济利益导向、树立绿色发展理念

改革开放 40 多年来，我国创造了世界经济发展史上的"中国奇迹"，然而西方发达国家上百年逐步形成的环境问题在我国也集中出现，正如恩格斯所告诫的，对于每一次人类对自然界的胜利，自然界都对我们进行了报复。[①] 如何处理好经济发展与环境保护的关系成为一个时代命题。习近平对马克思主义生产力理论进行了拓展，强调良好的生态环境本身就是生产力的重要组成部分。他用"绿水青山就是金山银山"的科学论断来论述保护生态环境与发展生产力的关系，深刻揭示了两者之间的辩证统一关系。这些理念正在逐渐成为政府和企业的普遍共识，引领企业走上绿色发展之路。

---

① 马克思恩格斯选集（第 4 卷）［M］. 北京：人民出版社，2012：383.

为了充分落实企业在环境治理方面的主体地位，除了从商业伦理和强制义务方面突出企业的生态责任外，政府还应该注重运用政策手段加强经济利益导向，促进企业进一步树立绿色发展理念。比如在新能源汽车制造、光伏产品出口、风能发电设备推广等方面，通过出台相应的国家标准，定向实施政府财政补贴，广泛开展绿色企业、生态产品的认证，加强对企业的经济利益导向，使广大企业主体把绿色发展理念真正落实到生产过程中，让积极参与环境治理成为企业的自觉行动。

3. 全面促进社会组织和公众共同参与环境治理

环境治理的最终目的是为了给社会公众提供最普惠的民生福祉，环境治理的有效途径也离不开社会全体公众的共同参与。在社会组织和公众共同参与方面，践行习近平生态文明思想，要全面推进人民大众的生态文明教育，在全社会倡导绿色生活方式，为社会组织提起环境公益诉讼创造良好外部条件。

（1）全面推进人民大众的生态文明教育

思想是行动的先导，只有全面加强生态文明教育，通过大力宣传让习近平生态文明思想入脑入心，人民群众才会有积极参与生态文明建设的行动基础。目前中国公众在环保意识和生态行为方面虽然有很大进步，但总体上离建设美丽中国的要求还有不小的差距，原因之一就是大家参与生态文明建设的主体意识和责任感还不够强。国家有必要进一步加强生态文明的宣传与教育，让大家认识到每个人都是自然界的一部分，每个人都有保护生态的责任。除了全社会的广泛宣传外，最重要的是要按照整体化先后衔接和分学段有序推进的原则，把习近平生态文明思想贯穿于教育全过程，全方位融入学校教育的各个领域，真正实现生态文明教育的常态化。

就现阶段来说，我国生态文明教育的主要内容必然是习近平生态文明思想。习近平生态文明思想博大精深、内涵丰富，其中的核心思想是强调整个世界是一个生命共同体，要求坚持人与自然和谐共生的理念。生态文明教育的首要任务是端正社会公众对人与自然关系的认识，让尊重自然、顺应自然、保护自然的科学理念成为人民大众的行动指南。

（2）在全社会倡导绿色生活方式

搞好环境治理离不开人民大众的共同参与，这需要广大人民群众从小事入手、从自身做起，在全社会推行绿色生活方式。习近平大力倡导简约适度、绿色低碳的生活方式，他提倡的"光盘行动"深入人心，深刻影响了人们的生活习惯。绿色生活方式体现的是人们对生态文明理念的认同度和践行力，对美丽中国的建成具有重要的基础作用。① 可以说每个人在环境治理中都扮演着重要的角色，减少个人对环境的负面影响，这不仅是现代文明社会的潮流，更是个人生态责任感的体现。

在当前国际国内背景下，我们所倡导绿色生活方式不是简单地降低消费或限制消费，而是要在全社会大力倡导绿色消费。绿色消费就是要以适度增长的消费水平，日趋合理的消费结构，注重节约的消费方式来引导人们消费行为的变革，使消费趋于理性、节约、适度、文明、健康。② 绿色消费以消费的可持续性为核心思想，以健康环保和节约资源为主旨精神，是绿色生活方式的核心内容。

（3）为社会组织提起环境公益诉讼创造良好外部条件

在环境治理体系中，社会组织的重要作用无可替代。社会公众对于环境这个影响最大的民生问题越来越关注，我国的法律法规也充分保障了他们在生态保护方面的知情权、参与权和监督权等权利。我国新修订的《环境保护法》专门创设了环境公益诉讼制度，意在进一步完善我国的环境治理体系，促进更多的社会组织和公民个人积极参与到环境保护的维权行动中来。为了落实这项制度，最高人民法院先后制定发布了有关审理环境民事公益诉讼案件和环境侵权责任纠纷案件的司法解释和规范性文件，为社会组织提起环境公益诉讼活动提供了有效的制度保障与完善的程序支持。

经过多年努力，我国环境公益诉讼实现了从无到有，在制度构建和案件审理等方面已走出可贵的一步，取得了良好的开端。根据最高人民法院的统计，2015 年 1 月至 2016 年 12 月的两年来，全国各级法院受理的由社会组织和试点地区检察机关提起的环境公益诉讼一审案件共有 189 件，其中审理结案的共有

---

① 任理轩. 深入学习贯彻习近平同志系列重要讲话精神坚持绿色发展——"五大发展理念"解读之三［N］. 人民日报，2015 – 12 – 22（7）.
② 柳礼泉，阳可婧. 大学生对绿色发展理念认同的逻辑进路［J］. 思想教育研究，2017（2）.

73 件。① 但是相对于严峻的生态破坏形势和环境污染问题而言，我国社会组织开展环境公益诉讼还任重道远，也需要更多的社会舆论支持和更好的法律程序支撑来优化外部条件。只有进一步降低开展诉讼的成本，增设相关的奖励机制，完善相应的法律援助制度，明确环境赔偿金的归属，才能真正形成社会组织提起环境公益诉讼的长效机制。

四、西方马克思主义有关生态思想的批判与借鉴

随着生态危机愈演愈烈，环境问题成为一个全球关注的焦点，一些西方学者借助马克思主义旗帜，也在寻找有效的解决思路，形成了生态马克思主义、有机马克思主义等比较有影响的社会思潮，对这些思潮进行认真研究，在对其非马克思主义本质进行批判的同时，借鉴其蕴涵的解决生态问题的一些好的建议，是推进我国生态文明建设的重要参考。

（一）生态马克思主义的批判与借鉴

生态马克思主义是 20 世纪中期兴起的一种社会思潮，旨在将马克思主义的基本原理及批判功能与人类面临的日益严峻的生态问题相结合，寻找一种能够指导解决生态问题及人类自身发展问题的"双赢"理念。随着 20 世纪中期西方马克思主义的兴起，以及 20 世纪晚期冷战思维的逐渐消失，西方学者开始对马克思主义重新认识，马克思主义自身取得了一些突破性的发展。另一方面，随着生态危机的日益严峻，人们需要寻找新的批判工具去解释生态问题的社会根源，马克思主义的批判功能在解决生态与社会问题方面的双重价值吸引了越来越多的人的关注。

1. 生态马克思主义的形成与发展

生态马克思主义的形成大致经过了法兰克福学派的酝酿、本·阿格尔的确立以及奥康纳、福斯特、岩佐茂等人的发展等几个阶段。这些学派和学者或直接对马克思主义进行生态解读，或运用马克思主义原理分析生态危机，从而向世人证明，"生态马克思主义"已成为解决生态问题的一种重要指导思想。②

① 最高人民法院发布环境公益诉讼十大典型案例［EB/OL］．新华网．http：//www.xinhuanet.com/legal/2017−03/07/c_129503245.htm.

② 刘仁胜．生态马克思主义概念［M］．北京：中央编译出版社，2007：15−16.

　　法兰克福学派作为西方马克思主义的一个重要和主要的流派，保持了该流派借鉴马克思主义批判的"工具理性"、怀疑和排斥马克思主义的"价值理性"的传统思维和立场。从生态批评的角度来看，法兰克福学派是生态马克思主义的最初形态。马尔库塞是"法兰克福学派第一代学者中从资本主义制度的角度对科学技术与生态环境危机之间的关系论述得最多和最充分的人物之一"。① 在《单向度的人》（1964）中，马尔库塞提出"技术的资本主义滥用"（the capitalism abuse of technology）这一概念，分析了资本主义对科学技术的滥用是造成资本主义社会"单向度"的主要原因。如果说该著作还主要停留在社会批判的层面，那么，他的《反革命与造反》（1972）则包含了更多的生态批判的内涵。他指出："（空气）污染和水污染、噪音、工业和商业抢占了迄今公众还能涉足的自然区，这一切较之于奴役和监禁好不了多少……我们必须反对制度造成的自然污染，如同我们反对精神贫困化一样。"② 总体看来，以马尔库塞为代表的法兰克福学派乃至西方马克思主义对经典马克思主义的生态学解读，虽然带有不自觉性和"技术色彩"，但已为生态马克思主义的形成奠定了基础。

　　本·阿格尔是美国得克萨斯大学教授，他在1979年出版的《西方马克思主义概论》一书中首次明确提出了"生态马克思主义"（Ecological Marxism）一词③，并对生态马克思主义的内涵做了开创性的论述。至少因为这两点，他的这本著作被国内外学界比较一致地视为生态马克思主义作为一个学派形成的标志。④ 在阿格尔看来，"生态马克思主义……把矛盾置于资本主义生产与整个生态系统之间的基本矛盾这一高度加以认识"。⑤ 阿格尔根据马克思关于经济危机和异化劳动的论述，发现消费异化导致了生态危机，因此，他试图以生

---

　　① 刘仁胜. 生态马克思主义概念［M］. 北京：中央编译出版社，2007：25.

　　② 马尔库塞. 反革命与造反［M］. 北京：商务印书馆，1982：129.

　　③ 段忠桥. 20世纪70年代以来英美的马克思主义研究［J］. 中国社会科学，2005（5）.

　　④ ［美］阿格尔. 西方马克思主义概论［M］. 慎之，等，译. 北京：中国人民大学出版社，1991：470.

　　⑤ ［美］阿格尔. 西方马克思主义概论［M］. 慎之，等，译. 北京：中国人民大学出版社，1991：475.

态危机来否定经济危机。阿格尔的这些论述不仅使生态马克思主义作为一个学派开始形成，而且对生态马克思主义的基本内涵做了重要的总结。

1997 年，美国学者詹姆斯·奥康纳发表《自然的理由》一书，在阿格尔的生态马克思主义概念基础上，运用马克思主义的基本原理，提出了资本主义经济危机和生态危机并存的"双重危机"理论，从而进一步补充和完善了生态马克思主义。他指出，马克思揭示的资本主义的经济危机属于"第一重危机"，他本人要对"第二重危机"即生态危机进行补充论述。他还认为，资本积累必然带来资源和能源的消耗和衰竭，而全球性资本主义不平衡发展更加导致了生态的不平衡，"不平衡发展的资本主义对成千上万的人来说已经成为一种灾难"。[①] 应该肯定，奥康纳的"双重危机"理论是对生态马克思主义的一次重大丰富和发展。奥康纳将其学术的关注点主要放在了人与自然关系的"和解"以及人类社会自身的"和解"等方面。1980 年联邦德国绿党成立，他们颁布了《绿色乌托邦》这一纲领，向世界宣告生态社会主义的开始。纲领的主要内容是要彻底变革现在的政治、经济和社会制度以及不平等的世界格局，确立一个新的人与人、人与自然和谐平等的社会环境。

2000 年，美国著名生态马克思主义理论家约翰·贝拉米·福斯特出版的《马克思的生态学：唯物主义与自然》（Marx's Ecology：Materialism and Nature）一书，是较早的一部专门研究马克思主义的生态思想的著作。福斯特在此将马克思、恩格斯置于与自古以来众多具有生态意识的思想家和科学家相联系的脉络之中，以思想史的事实雄辩地证明了马克思主义的生态内涵和关怀。2002 年，福斯特又出版《反对资本主义的生态学》（Ecology：Against Capitalism）[②]，提出马克思的人类解放学说不仅是关于人类自身解放的社会学说，而且是关于解放自然的生态学说。可以说，福斯特是真正走进马克思主义文本之中的思想家，他的研究最终确立了马克思主义对于解决生态问题的发言权。事实上，今天多数学者对马克思主义的生态思想的理解，在很大程度都是沿着福

---

① James O 'Connor, Natural Causes：Essays in EcologicalMarx2ism ［M］. The Guildford Press, 1988：195.

② ［美］约翰·贝拉米·福斯特. 生态危机与资本主义 ［M］. 耿建新，等，译. 上海译文出版社，2006.

斯特的思路进行的。

除欧美之外，日本作为目前世界最为发达的国家之一，也因严重的生态危机遭遇，出现了自己的生态马克思主义思想家，岩佐茂就是其中重要的一位。① 就我们国内而言，近年来，随着经济发展导致的生态环境问题的加剧，越来越多的学者开始关注、引介并研究生态马克思主义。

2. 生态马克思主义的主要内容

生态马克思主义的理论来源主要是以马克思主义关于人与自然相互关系的理论为基础，并融合了生态学、系统论的理论成果。生态马克思主义认为，传统生态学受到了现代性意识形态的局限，因此他们主张突破局限，主张变革资本主义的扩张逻辑及生产方式才能真正解决生态危机。生态马克思主义的理论主要包括：

（1）探寻生态危机的根源。生态马克思主义通过对资本主义的批判来探索生态危机的根源问题。第一，对资本主义生产方式——扩张主义的批判。生态马克思主义的代表人物福斯特指出："资本主义制度势必毫不留情地摧毁一切阻挡其扩张道路的东西：无论是来自人类还是自然，只要干预了资本的积累，都将被视为必须克服的障碍。"② 他认为，资本主义私有制破坏了人类与自然组成的统一体内部的平衡。第二，对资本主义生活方式——消费主义的批判。生态马克思主义深刻地认识到："产品和需要范围的扩大，总是要机敏地屈从于精致的、非自然的和幻想出来的欲望"。③ 从而出现了"无产阶级通过消费奢侈品以补偿异化劳动过程中的艰辛和痛苦，追求所谓的自由和幸福；资产阶级在控制无产阶级整个消费的过程中也被消费所控制，整个资本主义社会因此也被消费所异化"。④ 这就是所谓的异化消费理论。第三，对科学技术的资本主义应用——技术中心主义的批判。佩珀认为，科学技术"控制自然这

---

① ［日］岩佐茂．环境的思想：环境保护与马克思主义的结合处（修订版）［M］．韩立新，等，译，北京：中央编译出版社，2007.

② ［美］福斯特．生态危机与资本主义［M］．上海译文出版社，2006.

③ ［加］威廉·莱斯．自然的控制［M］．重庆出版社，1993.

④ 刘仁胜．生态马克思主义概论［M］．北京：中央编译局出版社，2007：43.

一观念是自相矛盾的，它既是其进步性也是其退步性的根源"。① 在当代资本主义社会当中，人类利用科学技术手段试图统治自然，从而引发了自然的报复，产生了严重的生态危机。第四，对生态殖民主义的批判。奥康纳认为"资本的积累得以继续，主要是通过在总体上对南部国家和世界范围内的穷人欠下一笔生态债来完成的"。② 这其实是一种发达资本主义国家对落后地区的生态殖民主义。

（2）探讨人与自然的关系。生态马克思主义者对于"人与自然的关系"进行了深入地探讨，批判了人类过去所持的"统治和支配自然"的态度。他们认为，人类不应该以牺牲生态环境为代价来换取经济的繁荣，应该维持两个系统的统一。他们受到"舒马赫主义"的启发，该主义反对资源使用的浪费、生产的无限扩张等，而提倡用小规模、分散化的经济模式代替大规模、集中化的模式。正是在此基础之上，生态马克思主义者提出"分散化、非官僚化和社会主义化"的经济稳态思想。生态马克思主义认为人可以在一定程度上支配自然，但是要合理利用，真正的人与自然的和谐是建立在人与自然关系平等基础之上的。生态马克思主义注重对于生态环境的保护，同时认为只有探索出一种新的社会主义模式，才能彻底消除生态危机问题。

（3）生态伦理思想的重建。本·阿格尔提出了"期望破灭的辩证法"，希望重建人类的生态伦理思想。期望破灭辩证法的过程可分为以下三个步骤：第一，生态环境已不能持续为人们日益增长的工业生产需要提供源源不断的资源；第二，在该实际条件下人们不得不缩减自己的需求、改变生活方式；第三，在思考和改变的过程中，异化消费变为了"生产性闲暇"和创造性劳动。人们不再视劳动为获得未来的生存所需消费资料的行为，而是将劳动看作是实现自身价值的动力。这种辩证法希望让人们重新树立起幸福观，重建人们的生态伦理思想。

3. 如何科学认识和正确对待生态马克思主义

---

① ［英］戴维·佩珀. 生态社会主义：从深生态学到社会正义 ［M］. 刘颖译. 济南：山东大学出版社，2005.16.

② ［美］詹姆斯·奥康纳. 自然的理由——生态学马克思主义研究 ［M］. 唐正东等译. 南京：南京大学出版社，2003.

生态马克思主义是对当代资本主义生态恶化和环境危机问题深刻反思的认识成果。生态马克思主义认为只有废除资本主义制度和生产方式，建立新的社会制度，才能消除造成环境污染的根本起因，才能解决生态危机问题。同时，生态马克思主义在对生态领域的一些问题探索的过程中，总结和提炼出了许多自己独特的思想。生态马克思主义认为人类需要通过限制自己的行为来改善生态环境问题。生态马克思主义从人类如何摆脱生存困境进行深刻思考得出了许多重要的理论结果，如异化消费理论、生态学新陈代谢概念以及期望破灭辩证法和稳态经济理论，丰富和发展了马克思主义的生态思想。

总的来说，生态马克思主义作为当代西方马克思主义的一种新的社会思潮，它致力于运用马克思主义的观点和方法去分析当代生态环境及其危机问题，努力进行生态理论与马克思主义的学术结合，既继承和弘扬了马克思主义的生态思想，同时为马克思主义在当代的发展与完善注入了一定的生机与活力。我国在开展大学生生态文明教育的过程中，一方面可以借鉴生态马克思主义的一些思想，另一方面要注意对其非马克思主义的观点进行批判和甄别。

（二）有机马克思主义的批判与借鉴

以美国学者菲利普·克莱顿和贾斯廷·海因泽克在 2014 年合著的《有机马克思主义———生态灾难与资本主义的替代选择》（孟献丽，于桂凤，张丽霞 2015 年翻译）为标志，作为西方学者对中国倡导的生态文明的积极回应，有机马克思主义在国际社会成为一种新思潮受到广泛关注。有机马克思主义又称"过程马克思主义"，以怀特海（Alfred North Whitehead）有机哲学（过程哲学）为基础，是一种正在生成中的国外马克思主义新范式。它以崇尚中国传统文化和中国特色社会主义的鲜明中国元素，很快引起了我国学界的高度关注和极大的研究热情。一时间，有赞誉、有质疑，也有批判、有拒斥，有机马克思主义显然已成为国外马克思主义研究中的热点话题。[①]

有机马克思主义是一种什么样的马克思主义？这需要将有机马克思主义放到整个国外马克思主义的理论体系中，才能进行合理的探讨与评判。从这个角度可以说，有机马克思主义是西方马克思主义的延续和发展。自 20 世纪 60

---

① 崔赞梅. 有机马克思主义：质疑、反思与评析［J］. 思想教育研究，2017（2）.

年代末开始，西方马克思主义哲学自身发生内在转向，即"从人本主义哲学思辨深化为一种对现代资本主义的全面社会批判"。以霍克海默和阿多诺的《启蒙的辩证法》、阿多诺的《否定的辩证法》为标志，西方马克思主义开始对启蒙运动以来的西方"理性"展开批判，传达出一种全新的逻辑向度。在这种理论背景下，生态马克思主义即是对马克思生态思想的科学阐释和人与自然关系的重新思考，也是对现实生态问题的理论回应，取得了很多理论成果。尤其是生态马克思主义对马克思生态思想的挖掘和梳理，对生态危机根源的剖析，都对人们重新认识马克思的生态思想、批判资本主义的反生态性、解决生态危机提供了丰富的理论资源，但其自身又有着无法克服的理论局限。时代呼吁一种新的生态理论出场，在借鉴和吸收以福斯特为代表的生态马克思主义思想的基础上，有机马克思主义应运而生。

有机马克思主义虽然不是严格意义上的马克思主义理论流派，而且具有资产阶级改良主义的本质，但在自由主义肆虐、资本主义弊端日益暴露、人类生存危机日益严峻的形势下，作为批判现代性和资本主义制度、试图探寻生态危机的解决之路和以人类和整个生物圈的共同福祉为价值旨归的思想流派，我们没有理由不去关注。在研究过程中，要时刻保持警惕，以马克思主义的立场、观点和方法对其主要价值和局限进行认真分析和评判，做到取其精华、去其糟粕，从而服务于中国特色社会主义和生态文明建设的总体实践。

在对有机马克思主义进行充分认识的基础上，我们可以看出，作为力图关注生态、有机和社会主义原则的国外马克思主义理论形态，我们应注重吸收其有益因素，使之成为我国新形势下发展 21 世纪中国马克思主义的有益借鉴。正如 2016 年习近平在哲学社会科学工作座谈会上谈到中国特色哲学社会科学应该具有什么特点时强调，"要坚持古为今用、洋为中用，融通各种资源，不断推进知识创新、理论创新、方法创新"。① 特别是在我国进行生态文明建设和绿色发展的时代背景下，更要积极借鉴有机马克思主义的生态思想，以丰富我国生态文明建设的理论与实践，拓展我国绿色发展思路，走好绿色发展道路，实现绿色发展新突破，以提升我国在国际上的生态话语权。

---

① 习近平. 在哲学社会科学工作座谈会上的讲话 [N]. 人民日报, 2016 - 05 - 19.

第六章　大学生生态文明素养的调查及分析

坚持大学生生态文明教育的问题导向，必然要求理论研究与实际问题相结合。大学生生态文明教育要服务于大学生生态文明教育的具体实践，就必须以当代大学生的生态文明素养现状作为研究的基础。

一、问卷调查

随着思想政治教育学科的不断发展，调查研究法在思想政治教育研究中得到了广泛的运用。为了解当代大学生的生态文明素养的现状，笔者以长沙高校在校大学生为样本，通过网络问卷调查的形式对此进行了调查工作。

本次问卷调查的采集地区与院校包括：中南大学、湖南大学、湖南师范大学、长沙师范学院、湖南财政经济学院、湖南女子大学、长沙民政职业技术学院、湖南工业职业技术学院、湖南商务职业技术学院、湖南商贸旅游职业技术学院、湖南信息科技学院等湖南省内 10 余所高校。本次问卷调查通过自行设计的《大学生生态文明素养现状调查问卷》获取调查对象的性别、年级、生源地等一般人口学资料，以及生态文明知识、生态文明认同、生态文明行为等反映调查对象生态文明素养的现状资料。① 本研究调查对象通过简单随机抽样选取，问卷的有关资料收集前均获取了被调查对象的知情同意。

本次调查采用 Epidata 3.1 来建立问卷数据库，然后运用 SPSS 22.0 对整理好的数据进行统计学处理。按照一般社会调查与统计的方法，研究对象的基本情况使用描述性统计分析，不同率之间的比较采用 x^2 分析。调查借助 SPSS 22.0 提供的便捷计算工具，经卡方检验，检验水准 = 0.05，P < 0.05 为差异有统计学意义。经可靠性分析，问卷 Cronbach's α > 0.7，可以认为本调查问卷的信度较好。经因子分

---

① 侯妍竹，唐柳荷. 美丽新湖南愿景下的大学生生态文明素养现状调查［J］. 林区教学，2020（06）.

析，本调查问卷 KMO >0.7，可认为问卷效度良好。

本次调查采取网络调查的形式，根据研究计划事先抽样选定的学校，通过湖南省教育工委思想政治工作处出面组织，针对特定对象共发放问卷 640 份，收回有效问卷 600 份，有效率为 93.75%。调查对象按性别分：男生 208 人，占 34.67%；女生 392 人，占 65.33%。按生源地分：城镇 174 人，占 29%；农村 426 人，占 71%。按年级分：大一 418 人，占 69.67%；大二 126 人，占 21%；大三 48 人，占 8%；大四 8 人，占 1.33%。

二、数据分析与现状梳理

（一）大学生对生态文明知识的了解状况

本调查问卷设计了两个问题检测大学生对生态基本知识的了解状况。调查对象回答情况统计如下：

表 8 - 1　大学生对生态文明知识的了解状况统计表

题目1 您知道"世界环境日"是哪一天吗？		
选项	小计	比例
3 月 22 日	254	42.33%
3 月 28 日	108	18%
4 月 22 日	100	16.67%
6 月 5 日	138	23%
本题有效填写人次	600	
题目2 您对温室效应了解多少？		
选项	小计	比例
很了解	138	23%
一般	378	63%
不太了解	80	13.33%
完全不了解	4	0.67%
本题有效填写人次	600	

从上述数据可以看出，当代大学生群体对于生态文明知识的掌握与了解的现状不容乐观。调查对象中只有 23% 的大学生知道"6 月 5 日为世界环境日"只有 23% 的大学生对温室效应"很了解"，大学生对生态文明知识的匮乏值得教育工作者深度反思。

（二）大学生对生态环境现状的态度

为了了解当代大学生对当前生态环境状态的态度与认识，本调查问卷设计了4道单选题和1道多选题，统计结果如下：

表8-2　大学生对生态环境现状的态度统计表

题目1	您是否关心生态环境保护方面的问题？				
选项	A 非常关心	B 比较关心	C 一般	D 不关心	E 很不关心
人数	180 人	270 人	134 人	16 人	0 人
占比	30%	45%	22.33%	2.67%	0%
题目2	您觉得您所处的环境中哪种生态环境破坏对您的生活影响最大？				
选项	A 噪声污染	B 水污染	C 大气污染	D 固体垃圾污染	E 其他
人数	138 人	120 人	256 人	66 人	20 人
占比	23%	20%	42.67%	11%	3.33%

题目3	您对当前地球的生态环境状况态度如何？		
选项	A 我不受害则与我无关	B 没什么可担忧	C 十分担忧
人数	66 人	100 人	434 人
占比	11%	16.67%	72.33%
题目3	您对当前地球的生态环境状况态度如何？		
选项	A 我不受害则与我无关	B 没什么可担忧	C 十分担忧
人数	66 人	100 人	434 人
占比	11%	16.67%	72.33%

题目4	您怎么看待人与自然的关系？		
选项	A 最大限度地利用自然，使自然完全为人类服务	B 人类在保护自然的情况下，有制度、有规划地利用自然	C 人类与自然毫不相干，我们人类不要去利用它，也不要去伤害它
人数	72 人	514 人	14 人
占比	12%	85.67%	2.33%

题目5 您目前最关注的生态问题是什么？（多选题）

选项	小计	比例
土地沙漠化	242	40.33%
空气污染	512	85.33%
严重水资源破坏，水污染	438	73%
全球气候变暖	426	71%
野生动植物遭受灭绝	256	42.67%
其他：	32	5.33%
本题有效填写人次	600	

在回答其他选项中，答卷采集到的大学生最关注的生态问题还有：食品原产地、食品安全、滥砍滥伐、森林资源在减少、男女比例不协调等。以上调查数据表明，当代大学生普遍具有较强的生态忧患意识，其中最关注是大气污染问题，高达85.33%。

（三）大学生生态环境保护意识现状

本调查问卷设计了7个问题了解大学生生态环境保护意识现状，其中5个是日常生活中的一般环保意识问题，还有2个是环境保护法律意识问题。调查对象回答情况统计如下：

表8-3　大学生生态环境保护意识现状统计表

题目1 当您使用一次性筷子时，你会意识到制造它需要砍伐很多树木吗？

选项	小计	比例
会	242	40.33%
不会	102	17%
有时会，但不经常	256	42.67%
本题有效填写人次	600	

题目2 当您使用塑料袋时，是否意识到塑料袋对环境的危害很严重？

选项	小计	比例
是	294	49%
否	82	13.67%
有时会，但不经常	224	37.33%
本题有效填写人次	600	

题目3 你对于平常的生活垃圾有分类吗？

选项	小计	比例
有	148	24.67%
偶尔有	370	61.67%
从来没有	82	13.67%
本题有效填写人次	600	

题目4 你有使用一次性餐具或塑料袋吗？

选项	小计	比例
经常用	190	31.67%
偶尔用	382	63.67%
从来不用	28	4.67%
本题有效填写人次	600	

题目5 当你需要扔垃圾，但周围没有垃圾桶时，你会：		
选项	小计	比例
随便扔掉	68	11.33%
先拿着，看到垃圾桶再扔	532	88.67%
本题有效填写人次	600	

题目6	面临人们对环境越来越严重的破坏，您怎么看待加强生态环境保护法制建设的意义？（多选题）				
选项	A 应用严格的法律制度保护生态环境	B 建设生态文明的根本在于法制建设	C 执法必严，对破坏生态的行为应依法严加惩罚	D 作用不大，执行难度大	E 关键是提高公民的文明与道德素质，增强公民生态保护的意识
人数	570 人	544 人	600 人	150 人	578 人
占比	95%	90.67%	100%	25%	96.33%

题目7	当您发现有破坏生态的行为而对方又不听劝阻时，会运用法律武器保护环境吗？（单选题）			
选项	A 完全不会	B 不太会	C 看情况	D 一定会
人数	72 人	382 人	132 人	14 人
占比	12%	63.67%	22%	3.33%

上述统计数据表明，当代大学生普遍具有较强的生态环境保护意识，普遍赞成保护生态环境需要运用严格的法律制度。但当看到身边有破坏生态的行为而对方又不听劝阻时，绝大部分的大学生并不会勇敢地运用法律武器来保护环境，表现出意识与行动的不一致性。

（四）大学生的本土生态环境满意度及行为表现

本调查问卷设计了4道单选题来了解长沙高校大学生的本土生态环境满意度及生态文明行为表现状况，统计结果如下：

表 8-4　大学生的本土生态环境满意度及行为表现统计表

题目1 您对我们的母亲河——湘江的水质满意吗？		
选项	答卷	比例
很满意	0	0.00%
比较满意	178	29.79%
不满意	396	65.96%
很不满意	26	4.26%
题目2 您参加过保护母亲河或岳麓山环境的活动吗？		
选项	答卷	比例
是	90	15.00%
否	510	85.00%
题目3 您在湘江河边或岳麓区游玩时，是否有过随手丢弃垃圾等破坏生态的行为？		
选项	答卷	比例
从来没有过	396	66%
偶尔	140	23.33%
经常	26	4.33%
不记得	38	6.34%
题目4 您是否乐意参加到保护母亲河的活动中，为生态保护事业尽一份责任？		
选项	答卷	比例
很乐意	422	70.33%
不愿意	26	4.33%
无所谓，有安排参加也可以	152	25.34%

从以上统计数据可以看出，长沙高校大学生对长沙本土的生态环境现状并不太满意，他们乐意参与到保护母亲河等生态环境保护公益活动中来。

（五）高校开展大学生生态文明教育的现状

为了了解高校开展大学生生态文明教育的现状以及大学生对生态文明教育的认识，本调查问卷设计了2道单选题和2道多选题，统计结果如下：

表 8-5　高校开展大学生生态文明教育的现状统计表

题目1 您所在的学校开设有生态或环境保护教育的课程吗？		
选项	小计	比例
有	216	36%
没有	384	64%
本题有效填写人次	600	

题目2 您觉得学校有必要开设生态与环境保护教育的相关课程吗？		
选项	小计	比例
有必要	472	78.67%
没有必要	50	8.33%
无所谓	78	13%
本题有效填写人次	600	

题目3 您认为面对越来越严重的生态破坏，最有效的措施是：（多选题）		
选项	小计	比例
提高人们的生态环境保护意识使之自觉维护	518	86.33%
政府加大宣传和资金扶持力度	368	61.33%
采取积极的措施来防治和治理生态的破坏	428	71.33%
制定严厉的法律来防治	320	53.33%
加大经济惩罚力度	284	47.33%
其他：	22	3.67%
本题有效填写人次	600	

题目4 您认为要提高大学生的生态文明意识和践行能力，最有效的举措是：		
选项	小计	比例
增加生态文明相关教育课程	420	70%
通过参与生态环保社团组织感触	438	73%
加大校园生态环保监管和奖惩力度	404	67.33%
通过多种形式宣传教育	368	61.33%
通过良好的人文环境和生态环境感化	348	58%
其他：	22	3.67%
本题有效填写人次	600	

在回答其他选项中，答卷采集到的大学生认为生态保护最有效的措施还有：提高公民生态文明素质、加大环境保护的教育力度、生态文明教育应渗透到义务教育中来、从小培养环境保护意识等。上述调查数据表明，大多数大学生认为加强生态文明教育保护环境的最有效措施是高校有必要开设生态文明教育课程。

总体来讲，大学生在生态文明素养方面表现出"高认同、低认知、践行度不够"的鲜明特点。① 回顾历史发展可以看出，真正意义上的环境教育始于1972 年在斯德哥尔摩召开的人类环境会议，这次会议被认为是环境教育的里程碑，标志着环境教育在全球范围内的兴起。我国的环境教育（生态文明教育）起步于1973 年，迄今也有40 多年的历史了，经历了从无到有、从小到大、从零散到系统的过程，并逐步形成了一个多层次、多形式、多路径的具有中国特色的生态文明教育体系。但是，也必须看到，以前我国的生态文明教育还存在一些不足，导致实效性不够理想，一些基本问题的认识还没有公认的界定，还需要与我党在生态文明建设上的理论创新与时俱进。立足生态文明的高度，生态文明教育应是以培养具有生态化人格的现代公民为宗旨和目标的素质教育，应是"关于环境的教育""为了环境的教育"和"在环境中的教育"内在关联的综合教育，应是贯穿学前教育、基础教育、高等教育和继续教育的终身教育。② 其中最为重要的是生态文明教育宗旨和目标的定位，它决定了生态文明教育的其他方面。

三、大学生生态文明素养问题的归因分析

为什么我们的大学生在生态文明素养方面表现出"高认同、低认知、践行度不够"的特点呢？原因是多方面的，具体来说主要包括以下四个方面：

（一）社会环境因素：GDP 崇拜观念的误导

大学生虽然主要生活在学校，但在这样一个开放的时代，社会环境的影响是非常明显的。GDP 崇拜，指的是片面追求 GDP 绝对值的增长，忽略了其他因素，比如经济结构的平衡、环境成本、社会福利等。对于 GDP 增长率的片面追求曾经是世界上一些新兴市场经济国家或者向市场经济体制转型国家的"共发症"，谓之"GDP 崇拜"。作为国民经济发展的"晴雨表"，GDP 的重要性不言而喻。然而当下一些地方盲目追求 GDP，进而形成了"GDP 崇拜症"，热衷于基础设施、经济项目的大投入、大建设，甚至不惜牺牲环境保护、民生福祉为 GDP 让路。

---

① 唐柳荷. 当代大学生生态文明意识现状调查报告［J］. 当代教育理论与实践，2015，7（05）.
② 骆清，欧阳序华. 论环境教育与生态化人格培养［J］. 改革与开放，2018（17）.

近年来，尽管淡化 GDP 的呼声日渐高涨，但在现行体制下，无论是各级政府评价下级政府，还是地方官员在选拔中获得竞争优势，很大程度上还是要看 GDP 的总量、增长速度和排位，也就是所谓的"官出数字、数字出官"现象。GDP 和所有统计指标一样具有局限性，生态环境、就业形势、收入分配状况等内容都很难从中体现。中共中央政治局审议通过《关于建立促进科学发展的党政领导班子和领导干部考核评价机制的意见》，"加重民意分，降低GDP 比重"成为最大亮点。

鉴于本书主要从思想政治教育的角度研究大学生生态文明教育问题，这里从生态文明建设制度体系的构建和完善方面作些简要分析。[①]

生态文明建设作为一个新生事物，在我国提出的时间还不太长，因此生态文明制度体系的建立完善也还处在摸索阶段。就目前的实践来看，虽然我国生态文明制度已经有一些，但还没有形成有机的体系，也没有很好地与"五位一体"中现有的其他制度相衔接，在经济领域、政治领域、文化领域和社会领域的很多制度里也没有充分体现生态文明的理念要求。这些问题主要表现在以下几个方面：

1. 虽然我国已经基本建立并正在完善社会主义市场经济体制，但目前还没有建立起体现生态文明理念和原则的社会主义市场经济体制。比如，市场没能很好发挥在自然资源配置中的决定性作用，许多领域在相当程度上主要还是政府直接配置资源。我国资源及其产品的价格同国际市场相比较总体上还偏低，一方面既没有真实反映产品的供求关系和资源的稀缺程度，另一方面也没有体现开采该资源对生态环境造成的损害成本和补偿的修复效益。重点生态功能区向生态产品消费者提供了生态产品，理应平等交换获得生态补偿，但目前它们的生态价值还没有得到体现。

2. 领导干部作为关键的少数，在生态文明建设中起着至关重要的作用，但是我们不少领导干部的头脑中生态文明的意识还不是很强烈。除了主观原因，客观上我们的政治体制也有不足。在政绩考核方面，以前存在着唯"GDP"的不合理现象，导致许多干部把自己为官一任的经济发展都建立在巨

---

① 骆清，李建红."五位一体"视角下生态文明制度体系的完善［J］. 中国集体经济，2016（06）.

大的环境资源为代价的基础上。以前还广泛存在生态环境损害无人负责的局面，没有相应的责任追究。与此同时，因为领导干部不是很重视，所以以前在环境保护行政管理方面也普遍存在软弱无力的问题。

3. 虽然中国共产党在全球第一个提出了生态文明理念，并得到了国际社会广泛赞誉，联合国环境规划署在 2013 年的第 27 次会议上通过决议认可并支持中国生态文明的理念①，但是因为我国改革开放以来的主要任务是发展经济，公民的生态文明意识还很薄弱，生态文明理念还没有在广大人民群众的生产生活中牢固树立。把党中央提出的先进的生态文明理念深入广大群众的内心，并转化为他们持久的行为，这正是当前思想政治工作新的重要任务。但就目前情况而言，我国还没有建立系统的生态文明教育制度，在新闻媒体和社会舆论方面也没有相应的配套制度来保障生态文明的广泛宣传。

4. 我国在推进国家治理体系和治理能力现代化的伟大进程中，如何加强社会建设，充分发挥社会组织和公众参与的作用，实现"小政府、大社会"的目标，是深化改革成败的关键。但就目前的生态环境而言，面对空气质量下降、水体污染严重、资源浪费突出等问题，我们除了强调政府的环境治理责任以外，还必须注重发挥社会的作用。参考国外环境保护的有益经验，我们在公众参与、公益诉讼、环境保护民间组织等制度方面都还存在许多不足。

在建立生态文明制度体系的路径选择上，笔者认为，作为制度设计的出发点，关键是要把生态文明建设放在"五位一体"的中国特色社会主义事业总体布局中来考量，既要考虑到生态文明制度在建设美丽中国和促进中华民族永续发展方面提供的保障和支撑作用，也要考虑生态文明制度和其他领域制度的相互衔接、相互适应和相互促进。

1. 完善与经济领域有关的生态文明制度

一是要健全自然资源产权制度。国家首先要使所有自然资源都具有明确的归属人，由他依法享有使用这些自然资源的权益，同时也承担起保护这些自然资源的法律责任。在坚持资源公有、物权法定原则的基础上，政府要通过法律明确自然资源的占有、使用、收益、处分等权责归属关系。二是要健全资源有偿使用和生态补偿制度。政府应该代表较大范围的生态产品受益人通过均衡性

---

① 夏光．生态文明与制度创新［J］．理论视野．2013（01）．

财政转移支付方式购买生态产品，完善对重点生态功能区的生态补偿机制。对生态产品受益十分明确的，要按照谁受益、谁补偿原则，推动地区间建立横向生态补偿制度。三是要严格实行生态环境损害赔偿制度。要强化生产者环境保护法律责任，大幅度提高违法成本，健全环境损害赔偿方面的法律制度、评估方法和实施机制。对造成生态环境损害的，以损害程度等因素依法确定赔偿额度。

2. 完善与政治领域有关的生态文明制度

一是完善生态文明绩效评价考核制度。国家要通过制定生态文明建设目标评价考核办法，把资源消耗、环境损害和生态效益纳入地方的经济社会发展评价体系，进行严格的考核。对领导干部实行自然资源资产离任审计，把它作为领导干部政绩考核的重要指标。二是建立生态环境损害责任终身追究制。在生态文明建设方面，国家也要实行地方党委和政府领导成员的一岗双责制，明确对相关负责人的追责情形和认定程序，并且要实行终身追责。三是完善环境保护行政管理制度。在行政管理改革中，政府要进一步完善监管污染物排放的环境保护管理制度，尤其是要改变目前"九龙治水"、政出多门的不良现状，将分散在众多部门的环境保护职责统一调整到一个行政职能部门，必须实行所有环境保护工作由一个部门统一监管的工作体制。

3. 完善与文化领域有关的生态文明制度

一是建立生态文明教育制度。从思想政治教育的角度来看，生态文明建设的核心落在"文明"上，更多的是体现人类生态行为的进步。公民的生态意识不是自然形成的，必须通过持续系统的生态文明教育来培养。这就要求我们必须从学前教育开始，把生态文明教育贯穿于初等教育、中等教育和高等教育全过程，甚至在日常的职业培训和教育中也要得到体现。二是建立生态文明舆论引导制度。国家意识形态工作部门要对新闻媒体的所有报道进行生态文明的考量，对广告等社会舆论进行绿色审查。通过相关的公益宣传来普及生态文化知识，提高生态文明意识，倡导绿色生活方式，形成人人、事事、处处、时时崇尚生态文明的社会新风尚。

4. 完善与社会领域有关的生态文明制度

一是完善生态文明建设公众参与制度。为了实现公众有序参与，政府要健全环境信息公开制度。通过建立环境保护网络举报平台和举报制度，健全举报、听证、舆论监督等制度，保障人民群众依法有序行使环境监督权。国家还要建立环境公益诉讼制度，通过有效措施支持环保组织对污染环境、破坏生态的行为提起公益诉讼，充分发挥民间组织和环保志愿者的积极作用，构建起生态文明建设大众参与的社会行动体系。二是建立国家公园体制。政府要加强对重要生态系统的保护和永续利用，改革各部门分头设置自然保护区、风景名胜区、文化自然遗产、地质公园、森林公园等的体制，对上述保护地进行功能重组，合理界定国家公园范围。对国家公园应实行更严格保护，除不损害生态系统的原住民生活生产设施改造和自然观光科研教育旅游外，禁止其他开发建设，保护自然生态和自然文化遗产原真性、完整性。

由于生态文明建设是一项新的伟大工程，建立我国的生态文明制度体系也肯定是一个循序渐进、不断完善的过程。但毫无疑问，在实现中国特色社会主义事业"五位一体"总体布局的伟大战略过程中，生态文明的建设必须融入经济建设、政治建设、文化建设和社会建设的各方面和全过程。同样的道理，我国生态文明制度体系的建立也必须要同经济领域、政治领域、文化领域和社会领域的相关制度相衔接、相适应。只有这样，才有可能真正实现生态文明制度建设的目标，真正构建起一个有利于促进环境保护和资源节约的制度体系，真正形成一个全社会共建生态文明的良好行为模式，真正将尊重自然、顺应自然、保护自然的生态文明理念落到实处，从而真正实现人与自然的和谐相处。

（二）家庭生活因素：西方消费主义的影响

消费是人类经济生活中的正常现象，也是经济发展的重要动力，但消费主义却从正常走向了极端。现代意义上的消费主义，指的是自19世纪以来随着西方资本主义社会在工业技术革命的推动下出现的一种以追求和崇尚过度的物质占有和消费，并以此作为幸福生活和人生的根本目标，从而在现实生活中通过大量地消耗物质财富和自然资源，以炫耀性消费行为方式来体现自己的社会地位、身份和人生价值的价值观念、生活态度及其行为实践。

消费主义作为西方发达国家普遍流行的一种社会道德现象，是指导和调节人们在消费方面的行动和关系的原则、思想、愿望、情绪及相应的实践的总称。其主要原则是追求体面的消费，渴求无节制的物质享受和消遣，并把这些当作生活的目的和人生的价值。它是当今西方资产阶级道德的重要组成部分。马尔库塞、弗洛姆等人早就看到，鼓励和扩大国民的消费需求，成了资本主义良性运行的条件之一。为达此目的，消费者的欲望、需要和情感便成为资本作用、控制和操纵的对象，并变成一项欲望工程或营销工程。因此，在消费主义看来，今天的生产已经不仅仅是产品的生产，而同时是消费欲望的生产和消费激情的生产，是消费者的生产。只有"生产出一批有消费欲望和激情的消费者，产品才能卖得出去，商品生产的目的才能实现。消费的不是商品和服务的使用价值，而是它们的符号象征意义"。消费主义生活方式认为：消费的目的不是为了实际需求的满足，而是不断追求被制造出来、被刺激起来的欲望的满足。

据调查显示，自20世纪80年代以来，西方消费主义意识形态已经成为影响我国尤其是青少年儿童的重要社会思潮之一"。[①] 这种虚假需要通过"大众传媒和商业广告文化工业的大肆宣传和过分渲染，使人为制造出来的一整套以人们消费的商品来标示其社会地位和价值的符合消费映像兜售给广大的消费者和民众"。[②] 改革开放以来，中国经济建设取得巨大成就。有相当一部分人成为改革的直接受益者，腰包鼓了起来，这成为消费主义在中国流行开来的物质基础。在我国，为拉动内需，也不时有刺激消费的政策出台。有了来自国家政策的鼓励和推动，消费主义就有了更为适宜生存发展的环境和土壤。在具体执行过程中，有些政策被误读为消费主义甚至浪费的依据。

艾伦·杜宁在其《多少算够——消费社会与地球的未来》一书中指出"世界范围内蔓延的消费者生活方式的野火，标志着人类物种曾经经历过的日常存在中最快捷的和最基本的变化，经过短短的几代人，我们已经变成了轿车驾驶者、电视观看者、商业街的购物者和一次性用品的消费者。对这个巨大转变的悲剧性嘲弄，在于消费者社会的历史性兴起对于损害环境有着重大影响，却并没有给人民带来一种满意的生活"。[③] 销售分析家维克特·勒博宣称："我们庞大而多产的经济……要求我们使消费成为我们的生活方式，要求我们把购买和使用货物变成宗教仪式，要求我们从中寻找我们的精神满足和自我满足。

---

① 鲁洁. 当代德育基本理论探讨［M］. 南京：江苏教育出版社. 2010：160.

② 丁国浩. 论消费主义的意识形态逻辑［J］. 学术论坛. 2012（6）.

③ ［美］艾伦·杜宁. 多少算够——消费社会与地球的未来［M］. 长春：吉林人民出版社. 1997：17.

我们需要消费东西，用前所未有的速度去烧掉、穿坏、更换或扔掉"。也可以说，是生产商和销售商在为消费主义推波助澜。

不可否认，这种消费方式在一定程度上满足了社会经济不断扩大再生产和资本增值的需要，然而如果任由消费主义蔓延下去，势必会过度消耗人类的物质资源。消费主义一般倾向于允许、鼓励、甚至劝诱大众进行奢侈消费，消费者可以通过对同一种类不同品牌商品的消费，来彰显自身地位、身份和个性，表面上看人们似乎享有充分的消费自由，但这种消费活动实质上是按时尚杂志、传媒广告的指引去进行的。人们被媒介推动、引导、操控去多赚钱、多消费，其在不知不觉中潜移默化影响着人们的精神世界和意识形态，让人们在感受"自由、公正、平等、幸福"的同时，也不自觉地开始逐步认同资本主义的价值观与生活方式。这种生活方式符合资本增值的需要，在资本增值的最终动力作用下，消费主义动用一切资源和手段，将人归化为消费者，将人的全面自由发展的需求化为对物的追求。①

（三）学校教育因素：生态文明教育的欠缺

虽然我国生态思想从古至今源远流长，但生态文明建设起步较晚。1995年党的十四届五中全会首次提出"可持续发展"战略，其后党和政府多次作出一系列与此相关的重大决策。党的十六大报告明确提出"走生态良好的文明发展道路"，并第一次把生态文明发展作为全面建设小康社会的主要目标。党的十六届四中全会进一步强调人与自然的和谐相处是社会主义和谐的六大特征之一。党的十六届五中全会提出了"以人为本"的科学发展观，并强调加快建设资源节约型、环境友好型社会，即"两型社会"。党的十六届六中全会把人与自然和谐相处作为构建社会主义和谐社会的要求之一，并把"资源利用效率显著提高，生态环境明显好转"作为全面建设小康社会的奋斗目标。党的十七大，正式提出"生态文明"的概念。党的十八大进一步把生态文明建设纳入中国特色社会主义建设"五位一体"的总体布局，并提出了建设"美丽中国"的目标。总而言之，我国自觉地建设生态文明的历史充其量也只有20多年。由于开展生态文明建设的历史不长，人民自觉地建设生态文明的社会氛围还没有形成，这在客观上影响了高校生态文明教育的发展。

2003 年《教育部关于在各级各类院校开设环保课程普及环境教育有关情况的函》中明确指出："为了贯彻落实'环境保护，教育为本'的方针，将生态环境教育作为全面推进素质教育的重要内容。"此后，生态文明教育被纳入国家教育计划。然而，当前高校生态文明教育的机制仍有缺失，并且实效性不高。

1. 大学生生态文明教育课程与师资缺失。课堂教学是培养大学生生态文明素养和行为习惯的主渠道。目前大多数高校对开展生态文明教育重视程度不够，没有把生态环境素质作为 21 世纪大学生必备的素质列入学校的培养目标。生态文明教育只是作为思想政治教育的一小部分内容出现，可以说大学生生态文明教育处于边缘化状态。生态文明教育没有形成连贯、系统的教育体系，生态文明通识性教育尚为空白，这种状况对于提高大学生生态文明素质是极为不利的。另外，目前高校中专门生态环境知识教育师资缺乏，大多由其他学科的教师兼任。教师生态环境知识不系统，对生态伦理道德也没有深刻的理解，教师在生态文明知识的补充上除了教材和自身学习，其他途径较少，直接影响了大学生生态文明教育的效果。学校对教师培养力度不够，教师外出考察、参加进修培训缺少经费保障。这使大学生普遍缺乏形成良好生态文明素质的必要知识基础，这导致大学生生态伦理意识和责任意识较差。据有关大学生生态文明素养调查结果显示，"当代大学生对生态文明知识虽有所了解，但是还不全面；生态文明意识虽觉醒，但是尚不健全；生态文明行为虽开始养成，但是仍存在缺位"。[①]

2. 大学生生态文明实践教育活动缺位。当前高校思想政治课的生态文明教育主要采用直接授予的教育方式，在教学过程中，教学形式机械单一，没有将理论教育与实践教育有机结合起来，除生态文明知识宣传外，很少有组织地开展环境保护活动，没有在校园内营造起重视生态问题、注重环境保护的良好氛围，抽象说教多、情感体验少，更没有根据不同专业学生的不同需求，科学合理地安排实践教学内容。生态环保实践活动，可以促进大学生生态文明素养

---

① 刘建伟. 当代大学生生态文明素养调查与分析———以陕西省部分高校为例[J]. 西安电子科技大学学报：社会科学版，2012（5）.

的养成，是大学生生态文明教育的重要途径。但目前大学生的生态环保活动往往流于形式，很多活动只是为了单纯配合某一纪念日或某些要求而举办，生态实践活动基本上局限在单一的考察、咨询、探险等，这些活动表面上轰轰烈烈，但教育持久力不够。生态教育不仅仅是知性教育，也是情感教育，为此，应采用多样化的教育形式与方法，如专题讲座、图片展览、视频观看、实地考察等。

3. 各高校对生态文明教育的重视有待进一步加强。近年来各高校不断深化教育教学改革，已经开始将生态文明教育纳入教育教学体制中。但由于重视程度不够，投入不足，计划不周，效果欠佳。能将生态文明教育作为一件大事来抓的高校还是很少，虽然有个别高校开设了生态环境保护专业和相关课程，但还没有制定出面向全体大学生的生态文明教育课程设置方案，致使生态文明教育不能全面落实。许多高校至今还没有开设生态文明选修课程，在思想政治理论课教学中也没有纳入生态文明的内容。目前，我国教育主管部门还没有制定出大学生生态文明教育的考核指标，许多高校把生态文明教育只是停留在口头，并没有付诸行动。这些现象说明，我国高校对生态文明教育的重视程度有待进一步提高。

4. 大学生生态文明教育的内容不够丰富。目前虽有部分高校已经开设了生态文明相关的人文素质选修课程，但还不够系统全面。生态文明教育内容仅仅局限于生态文明常识上，没有形成一个完整的教学内容体系。生态文明的教育内容应该包括马克思主义生态文明理论教育（包括马克思主义生态世界观教育、马克思主义生态价值观教育、马克思主义生态审美观教育等）、现代生态环境科学教育（包括环境科学教育、生态科学教育等）、中国传统的生态文化教育（包括儒家生态文明教育、道家生态文明教育、佛家生态文明教育等）、社会主义生态文明道德法律及政策教育（包括生态文明的道德规范、生态文明的方针政策教育、生态文明的法律制度教育）等内容。但目前，很多高校并没有把上述内容纳入生态文明教育中。我国高校除生态环境专业外，还没有一本专门的、通用的生态文明的相关教材，生态文明教育的内容还仅仅停留在基本知识的层面上，而很少涉及深层次的内容。

如何在生态文明时代背景下进行环境教育，需要有不同于传统教育的方法和途径的创新。2014 年在美国举行了第八届"生态文明国际论坛"，这次国际会议的主题是"为了生态文明的教育",国内外的专家学者普遍认为,生态文明建设呼吁新的教育范式,强调从现代教育范式向生态文明教育范式转换是当下环境教育发展的基本趋向。① 正如刘铁芳教授所言,我们不可能以某种单一的方式将教育问题解决,而应顺应文明的大势,在不断纠偏的过程中寻求当代教育精神的健全发展。②

作为公民终身教育内容的生态文明教育,非常重要的是应该从娃娃抓起,注意生态化人格的从小养成。因为一个人的生活习惯、思想观念与小时候的教育联系紧密,甚至起到决定性作用。生态文明教育需要认真解决从幼儿园到小学、中学、大学,如何在不同的阶段,按学生的不同层次确定生态文明教育的具体目标,以及如何通过不同课程、活动体验、校园建设等途径实现生态文明教育的渗透问题。毫无疑问,国民系列的学校教育还是生态文明教育的主要途径。现在福建、浙江等省都编写了专门的教材,培训了专业的师资,从小学一年级起就开设了有关生态文明建设的课程,循序渐进地从知识、理念、能力等教育目标出发,培养学生环境保护方面的综合素养,这种做法非常值得推广。国家教育部门应该积极推广他们好的做法,把生态文明教育纳入国民教育体系,组织编写全国的通用教材,结合地方教材和校本教材对所有在校学生进行持续的生态文明教育,不断提升学生的环境素养,着力培养学生的生态化人格。

(四)个人修养因素:生态意识培养的忽视

站在个人角度,大学生在生态意识的培养和生态行为的养成方面,社会、家庭和高校等因素都是外因,个人的修养才是内因。但是在这一方面,很多大学生都是忽视的。一方面的原因是,他们认为个人的环境影响是微不足道的,作为近14亿人口中的普通一员,他们在环境保护中的作用完全可以忽略不计。在一般的大学生看来,污染环境主要是企业,尤其是大企业造成的,环境治理也主要靠政府,生态保护主要是政府相关部门的工作职责,具体情况取决于中

---

① 杨志华. 为了生态文明的教育——中美生态文明教育理论和实践最新动态 [J]. 现代大学教育, 2015 (1).

② 刘铁芳. 走向整合:教育理论研究的精神路向 [N]. 中国社会科学报, 2016-07-07 (04).

央和地方各级政府的重要领导的态度。另一方面的原因是，当代大学生在学习、就业方面都面临着巨大的压力，平时更多是关注如何提升个人的素质，以增强应对社会激烈竞争的优势。在解决自身生存和发展问题前，没有更多的时间和精力深入关注生态问题。

第七章　大学生生态文明教育的目标审视

大学生生态文明教育理论研究不但要坚持问题导向，也应该强调目标导向。对大学生进行生态文明教育，必须根据大学生生态文明教育的本质规定和新时代的现实需要明确其教育目标，为了实现这些目标来安排一定的教育内容。从实际操作的角度来看，要搞好大学生生态文明教育，必须在预设了明确的教育目标的基础上，进行科学合理的内容体系的建构。

就教育学的基本原理来说，所有有意识的教育活动，都有明确的教育目标。教育目标是教育活动的核心，是教育内容和教育方法的指针。教育目标实现的程度也是检验教育活动成效的基本参考。[①] 同样的道理，明确大学生生态文明教育的目标是搞好大学生生态文明教育的首要问题。但在已有的相关研究中，涉及教育目标方面的成果很少，表现出思考不深，认识不清的缺陷，这也直接导致在大学生生态文明教育内容等方面的研究上存在众说纷纭、莫衷一是的凌乱现象。需要在教育目标和教育内容的区别上，在知识教育与思想教育的结合上，依据思想政治教育基本原理进行认真审视。

大学生生态文明教育作为高校思想政治教育的组成部分，既有一般教育的共性，也有思想政治教育的特性，更有生态文明教育自身的个性。作为一般的教育而言，大学生生态文明教育同样应包含一个知识、意识、态度、技能、素质和参与在内的多目标体系；[②] 作为一项特定的思想教育而言，大学生生态文明教育的目标应主要包含以下三个方面：

---

① 骆清，刘新庚. 大学生生态文明教育的思想理路 [J]. 广西社会科学，2017 (12).

② 胡凯，刘邦捷，刘新庚. 论高校生态文明思想教育的着力点 [J]. 大学教育科学，2015 (02).

一、内化于心，培养大学生强烈的生态意识

大学生生态文明教育的首要目标就是培养他们具有一种强烈的生态意识。意识是行为的先导，只有形成对生态问题的强烈意识，达到对生态与人类关系的深刻领悟，并由此形成人们对待生态的普遍观念与基本理念，才能在处理生态问题上有自觉的行为。从大学生生态文明教育的角度讲，提高大学生的生态自觉，增强他们的生态意识，对于建设生态文明的推进至关重要。

所谓生态意识（Ecological Consciousness），通俗地讲就是指对生态环境及人与生态环境关系的感觉、思维、了解和关心。从这种意义上讲，自从有了人类文明，人们就有了不同的生态意识，或者说环境意识。但从理论上展开对生态意识的研究，还是 1866 年德国生物学家 E·海克尔（Ernst Haeckel）提出"生态学"的概念以后才有的事。生态意识是生态自觉的产物，包括对待生态的基本理念、价值指向、目标追求和评价标准等。苏联哲学家基鲁索夫在关于当代环境问题的讨论中认为，生态意识是最优解决社会与自然关系问题所反映的观点、理论和情感的总合。

在建设生态文明的时代背景下，以大学生为教育对象的生态文明教育究竟应该培养他们哪些生态意识呢？有学者指出，从国家与社会总体和社会成员个体来看，可以把生态意识划分为宏观与微观两个不同的层次。当然这种划分是相对而言的，两者肯定有重叠交叉的地方。就宏观层次的生态意识而言，目前需要重点增强的是和谐意识、文明意识、可持续意识；就微观层次的生态意识而言，应当在消费意识、价值意识、权利与义务意识上实现新的转换。[①] 就笔者看来，生态意识的培养无非就是下面三个方面：

首先是生态危机意识的培养。虽然人类在很早就关心人与自然的关系，并形成了丰富的生态思想，积累了优秀的生态智慧，但人类从来没有像现在这样关注过生态问题。如果说《寂静的春天》展现的是少数先知的远见卓识，那么现在全球气温的变暖、雾霾天气的烦恼成了每个人生活中挥之不去的阴影。无论是政府官员、专家学者还是社会大众都在思考我们应该采取什么样的措施才能应对日益严峻的生态危机，改善我们的生存环境。大学生生态文明教育作

---

① 洪云钢. 建设生态文明要强化生态意识［N］. 中国环境报，2013.04.04（2）.

为高校思想政治教育对中国特色社会主义生态文明建设这一时代命题的回应，其起源就是生态危机问题对我们的倒逼。如果没有生态危机这一问题导向，大学生生态文明教育就会失去针对性；如果没有培养出大学生强烈的生态危机意识，大学生生态文明教育就不可能有实效性。大学生生态文明教育不但要让他们认识到现在全球背景和我们国内生态问题的严重性，还要警示他们未来生态危机会愈演愈烈的可怕趋势。生于忧患，死于安乐。有了强烈的生态危机意识，大学生才会关注问题，敬畏自然，才会在生态文明建设上采取有效行动。

其次是生态权利意识的培养。在大学生生态意识的培养中，生态权利意识的培养是需要重点突出的一个方面，因为相对而言这是我们目前最为缺少的生态意识，也是在全面推进依法治国背景下大学生生态文明教育最好的突破口。我们的传统文化往往强调责任与义务，对所处的环境生态这种公共产品，我们习惯于默默承受，坦然面对。针对公民生态权利意识淡薄的现状，我们要加强环境权理论的宣传，积极推进环境权的入宪进程，完善环境权的救济措施，保障公民能充分行使并有效维护自己的环境权益。环境权是伴随着人类环境危机而产生的一种新的权利概念或社会主张，是指特定的主体对环境资源所享有的权利，对公民个人来说，就是享有在安全和舒适的环境中生存和发展的权利。环境权既是一项个体权利，又是一项集体权利，还是一项代际权利，主要包括环境资源的利用权、环境状况的知情权和环境侵害的请求权。如新修订的《中华人民共和国环境保护法》第 53 条规定："公民、法人和其他组织依法享有获取环境信息、参与和监督环境保护的权利。"有了强烈的生态权利意识，大学生才会从维护自身环境权益的角度更多关注环境问题，监督其他主体损坏环境的行为，才会更加自觉地采取保护环境的有效行动。

最后是生态责任意识的培养。在大学生的生态责任意识的培养方面，现有的思想政治教育已有一定的基础。平时我们提倡的低碳生活、宣传的绿色发展、强调的勤俭节约等理念中，都隐含着培养公民在生态保护方面的责任意识，基本形成了一种"生态文明，人人参与""环境保护，人人有责"的良好社会氛围。但也存在具体生态责任不够明确，公民责任意识不够强烈的问题。可以把生态责任进一步区分为生态法律责任和生态道德责任，培养大学生不同的生态责任意识。在进行环境保护法制宣传的过程中，重点向大学生强调相关的违法责任；在进行生态文明建设理念的宣传过程中，则引导大学生积极承担相应的道德责任。在大学生德育实践活动中，多开展一些生态文明建设公益活动，正如《中国生态文明建设高层论坛——广州宣言》倡议的那样："争做生态文明建设的积极倡导者、热心宣传者和忠实践行者。"充分发挥大学生在生态文明建设中的积极作用。

二、外化于行，引导大学生文明的生态行为

思想政治教育的功能就是思想引领和行为引导。古人云，知易行难。面对生态危机日益严峻的现实情况，培养大学生的生态意识从无到有、从弱到强、从被动到主动，从自发到自觉应该不是一件太难的事情。但是，以强烈的生态意识为基础，怎样引导他们养成一种文明的生态行为则是大学生生态文明教育的重要目标。

什么是生态行为？现代心理学一般认为，行为是有机体对刺激所作的一切反应，既包括外显的行为也包括内隐的行为。但一般情况下，社会科学只研究人的行为，也就是人们日常生活中所表现的一切活动。从不同的角度可以对行为进行各种分类，思想政治教育主要关注人的意志行为。相应的，生态行为主要指人们日常生活中所表现的一切与生态保护有关的意志行为。毫无疑问，人的行为很多与生态有着直接或间接的关系，这些生态行为有些是行为主体意识到了生态影响的，有些是行为主体没有意识到生态影响的，有些是自发的，有些是自觉的，有些是有利于生态保护的，有些是不利于生态保护的。那么，引导大学生做出文明的生态行为必然借助于一定的生态行为规范。有学者指出：公民生态行为规范是关于公民生态行为的规则或准则，至少包含生态道德规范、生态法律规范、生态日常规范三大方面。其中生态道德规范是公民生态行为规范体系的基础性因子，生态法律规范是公民生态行为规范的保障性因子，生态日常规范是公民生态行为规范的养成性因子。① 当然，生态行为规范是一些具体的行为要求，从宏观角度来说，大学生生态文明教育的重要目标就是引导他们在生态行为上"求真、行善、崇美"。

引导大学生的生态行为应包含求生态文明之"真"。随着生态科学知识的不断发展，人类对生态的认识越来越客观理性，人们对生态问题的解决也将更

---

① 刘新庚，曹关平. 公民生态行为规范论［J］. 求索，2014（1）.

多地运用生态科学技术。德国哲学家海德格尔认为："技术不仅仅是手段。技术是一种展现的方式……"① 依据海德格尔的观点，科技发展要求人类重新思考与生态环境的和谐共生问题，人类应当在保持经济社会发展的同时，运用技术呵护好自身的生态家园。美国生态哲学家巴里·康芒纳认为："新技术是一个经济上的胜利，但它也是一个生态学上的失败……在每一个例子上，新的技术都加剧了环境与经济利益之间的冲突。"② 其实，正确运用现代科学技术既可促进经济社会发展又可避免生态环境危机，在我国大力提倡的循环经济发展模式和低碳生活方式中包含的生态科学技术恰恰是解决人类生态问题的有力手段。在生态科学技术的发展上，人类不可能后退到茹毛饮血的原始社会，而只能继续前进，运用更先进的生态科学技术来兼顾经济发展和生态保护，唯有这样，人类才能在生态行为上达到"求真"的文明状态。

引导大学生的生态行为应包含行生态文明之"善"。基于生态伦理学的发展，人类越来越强调对待生态的善意和对待生物的道德关怀。传统伦理学只关注人类自身的道德关系，而生态伦理学则把道德研究对象从人与人之间的关系扩展到人与生态环境以及自然界各种生物的关系，研究人对生态环境和自然界各种生物的道德态度和行为规范。生态伦理学创始人阿尔贝特·史怀泽强调"只有当一个人把植物和动物的生命看得与他同胞的生命同样重要的时候，他才是一个真正有道德的人。"③ 他认为："善是保存和促进生命，恶是阻碍和毁灭生命。如果我们摆脱自己的偏见，抛弃我们对其他生命的疏远性，与我们周围的生命休戚相关，那么我们就是道德的。"④ 随着人类与自然关系的进一步密切，在人的伦理发展上，只有正确处理人类与生态环境以及人类与自然界各种生物的关系，人类才真正是道德与正义的，也才有可能在生态行为上达到"行善"的文明状态。

---

① ［德］海德格尔. 技术的追问［A］海德格尔选集（下卷）［C］. 孙周兴，译. 上海：三联书店，1996.

② ［美］巴里·康芒纳. 封闭的循环——自然、人和技术［M］. 侯文蕙，译. 长春：吉林人民出版社，1997.

③ ［法］阿尔贝特·史怀泽. 敬畏生命［M］. 上海：上海社科学院出版社，1995.

④ 陈泽环，朱林. 天才博士与非洲丛林——诺贝尔和平奖获得者阿尔贝特·施韦泽传［M］. 南昌：江西人民出版社，1971.

引导大学生的生态行为应包含崇生态文明之"美"。生态美体现的是人对于自然的审美需要和精神满足。生态美学是生态学和美学相结合而形成的一门新学科，是人类对传统审美观点的一种拓展。生态美学用审美的眼光来重构人和自然环境的关系，它的核心是人与自然之间的生态审美关系，注重从自然与人共生共存的关系出发来探究美的内涵。在生态美学看来，大自然自身处于一种协调状态，其本身就是美的，是造物主提供给人类的宝贵财富。只有那些具有生态审美能力的人，才能欣赏春花秋月、夏雨冬雪等自然美景，也才能感受大漠荒野、高山峻岭、林海雪原等壮美景象。也只有具备生态审美能力的人，在体会生态美的享受后，才会更自觉地保护自然生态环境，才会去理性而有节制地改造自然，才会通过劳动实践创造更高级的"人化的"自然美。对于生态美，人类的职责就是爱护它、欣赏它、享受它，而不是破坏它，唯有如此，人类才能在生态行为上达到"崇美"的文明状态。

三、日用不觉，塑造大学生健全的生态人格

大学生生态文明教育的最终目标就是帮助他们塑造一种健全的生态人格。人格是一个人品行、价值和尊严的总和，是一个人道德品质和心理品质的集合。人格的不断完善，是实现马克思主义理论倡导的人的全面发展的重要目标。生态人格是在人与自然关系的关照下，人的尊严、价值和品格在生态规定性方面的映现与归纳，是生态意识和生态行为的结合，是生态文明在人的思维方式和行为方式上的体现，是生态文明教育内化于心，外化于行的结果。根据现代管理学关于人的假设，我们可以把具有生态人格的人称作"生态人"。"生态人"是具有生态理性并整合包含了"自然人""经济人""社会人""复杂人"等人类基本特性的综合体，是对以往人格的扬弃，是经济社会可持续发展对人格的客观要求，也是生态文明时代理想的人格模式，是一种更加符合现代人本质的理论假设。

所谓的生态化人格是指生态化的法权人格、心理人格、道德人格的"三位一体"。① 生态文明教育在培养现代公民的生态化人格的过程中，首先要夯实基础，使他们具有强烈的生态文明意识。其次要抓住关键，精心引导公民自

---

① 骆清，欧阳序华. 论环境教育与生态化人格培养［J］. 改革与开放，2018（17）.

觉求生态文明之"真"，行生态文明之"善"，崇生态文明之"美"，使他们养成文明的生态行为。最后要把好落脚点，使他们形成健全的生态化人格。[①]在英国著名生态文明教育家帕尔默提出的生态文明教育的结构模式中，包含了知识与理解力、技能、态度三个向度，以及经验事实、伦理、审美三个要素，还有体验、关怀、行动三种成分，他尤其强调生态文明教育应以人们的生活经历为基础。[②] 只有这样，才有可能把公民培养成适应生态文明时代的"生态人"。

习近平同志在主持中共中央政治局会议审议《关于加快推进生态文明建设的意见》时强调："必须弘扬生态文明主流价值观，把生态文明纳入社会主义核心价值体系，形成人人、事事、时时崇尚生态文明的社会新风尚，为生态文明建设奠定坚实的社会、群众基础。"[③] 学者在解读习近平同志有关生态文明建设的重要讲话精神时指出：弘扬生态文明主流价值观，把生态文明纳入社会主义核心价值体系，旨在塑造一种具有生态内涵的新型人格，即生态化人格。[④] 作为一种新型的人格，生态人格的塑造不是一蹴而就的，必须通过生态文化的熏陶、生态教育的内化、生态实践的锤炼等路径才能得以逐渐养成与实现。生态人格的塑造需要人类历史文化的养分，特别是古今中外的生态思想为现代生态人格的确立和塑造提供了丰厚的理论资源和思想启迪。中国传统文化中的生态智慧、西方近代的生态伦理文化和马克思主义不断发展的生态文明思想，构成了我们塑造大学生生态人格的起点。通过生态文明教育活动的塑造，一种健全的大学生生态人格应该树立以下生态理念：

首先是尊重自然的生态理念。尊重自然是人与自然相处时应秉持的首要态度，它要求人对自然怀有敬畏之心、感恩之情和报恩之意，尊重自然界的一切

---

① 骆清，刘新庚. 大学生生态文明教育的思想理路［J］. 广西社会科学，2017 (12).

② 【英】帕尔默. 21 世纪的生态文明教育［M］. 田青，刘丰，译. 北京：中国轻工业出版社，2002.

③ 中共中央政治局召开会议审议《关于加快推进生态文明建设的意见》［N］. 人民日报，2015 – 03 – 24 (01).

④ 刘湘溶，罗常军. 生态文明主流价值观与生态化人格［N］. 光明日报，2015 – 07 – 15.

存在和一切生命，而不能凌驾于自然之上。对于人与自然的关系，马克思认为："自然界，就它自身不是人的身体而言，是人的无机的身体。人靠自然界生活……因为人是自然界的一部分。"① 虽然资本主义在现代化过程中倡导的理性主义在解放思想方面起过巨大的作用，但是也带来了一些问题。在现代化过程中，由于高扬了人的主体性和人类中心主义，把人和自然的关系理解为统治和被统治、改造和被改造、利用和被利用的关系，人类无限制地向自然索取，使得自然环境和生态平衡遭到极其严重的破坏，生态危机已威胁到人类的生存。当然，尊重自然不是拒绝对自然资源的开发利用和对自然环境进行改造，而是强调人类只是自然的一部分，人类的活动不能只考虑自身的经济效益和社会效益，还要重视生态效益。

其次是顺应自然的生态理念。顺应自然是人与自然相处时应遵循的基本原则，它要求人顺应自然本身的客观规律，按自然规律办事。如果说尊重自然是一种生态伦理应有的态度的话，顺应自然就是一种生态科学具备的理性。工业文明体现在人与自然的关系上，就是人类对自然的大力改造和不断征服，人类中心主义认为"人是万物之灵长""人定胜天"。但事实并非如此，正如恩格斯所言："但是我们不要过分陶醉于我们对自然界的胜利。对于每一次这样的胜利，自然界都对我们进行报复。"② 究其原因，是因为工业文明区别于农业文明，人类凭借工业技术总是违背自然规律去开发利用自然。随着生态危机日益严重，生态科学不断发展，人类逐渐认识到自然力量的巨大，明白自然规律不可违背，人类的生产生活要顺应自然。

最后是保护自然的生态理念。保护自然是人与自然相处时应承担的重要责任，它要求人发挥主观能动性，在向自然界索取生存发展之需的同时加强保护自然界的生态系统。如果说尊重自然、顺应自然是一种消极的被动应对的话，保护自然则是一种积极的主动作为。面对遍布全球、日益严重的生态危机问题，毫无疑问，人类需要积极采取有效措施进行改善。人类需要改变生产模式和生活方式，甚至有必要牺牲一些发展速度来阻止生态环境的进一步恶化。对于一个具有生态人格的个体来说，保护自然的理念首先应体现在其生活方式

---

① 马克思恩格斯选集（第1卷）［M］.北京：人民出版社，2012：45.
② 马克思恩格斯选集（第4卷）［M］.北京：人民出版社，2012：383.

上，反对消费主义，厉行节约资源，比如倡导低碳生活、节约用水用电、参与光盘行动不浪费粮食等。其次应体现在其工作之中，一个具有生态人格的个体在生产活动中应积极践行绿色发展，倡导循环经济模式，尽可能地节约自然资源，减少对生态环境的破坏。

推进生态文明建设、实现"美丽中国"的宏伟目标，需要进一步增强大学生生态文明教育的实际效果，解决问题的关键在于对各教育要素进一步整合深化。因为人的思想意识是行为的先导，所以培养大学生具备强烈的生态意识必然是大学生生态文明教育整合的重要基础。基于生态文明建设作为一种社会活动的实践属性，因此引导大学生养成文明的生态行为肯定是大学生生态文明教育整合的关键之处。由于思想政治教育以人的全面发展为旨归，所以帮助大学生塑造健全的生态人格无疑是大学生生态文明教育整合的目的所在。增强大学生生态文明教育效果必须要实现生态意识教育、生态行为教育和生态人格教育三者的有机整合，以形成多位一体的教育合力，真正把大学生培养成现代"生态人"，有力推进我国的生态文明建设。

第八章　大学生生态文明教育的内容建构

如前所述，国内学者对于生态文明教育的内容，国外学者对环境教育的内容的研究都比较多，但也存在一些不足。大学生生态文明教育属于思想政治教育的范围，它的内容体系毫无疑问就应该是马克思主义生态观的最新理论成果——习近平生态文明思想，是生态自然观、生态发展观、生态消费观、生态道德观和生态法制观等教育的有机统一。① 按照思想政治教育学的基本原理，在我们社会主义高校进行的大学生生态文明教育肯定不同于国外的环境教育，有关生态环境现状的教育和生态科学基本知识的教育等应该不是其主要内容，最多只是说明问题的辅助材料。

一、以人与自然为核心的生态自然观教育

生态自然观是以马克思主义经典作家关于人与自然的辩证关系为思想基础，吸收现代生态学、环境科学、系统科学等相关理论而产生的新的自然观，是辩证唯物主义自然观的现代形式。生态自然观的基本思想主要包括：自然界中的一切生物和非生物是相互依赖和相互联系的生态系统；人是自然界的一部分，与自然是不可分割的有机统一整体，二者紧密联系并相互作用；人类要生存、发展并实现最终的解放必须处理好与自然的关系。

对于人与自然的关系，在马克思和恩格斯的著作中有许多地方论述了他们的自然观。马克思认为："自然界，就它自身不是人的身体而言，是人的无机的身体。人靠自然界生活……因为人是自然界的一部分。"② 恩格斯指出："自本世纪自然科学大踏步前进以来，我们越来越有可能学会认识并因而控制那些至少是由我们的最常见的生产行为所引起的较远的自然后果。但是这种事情发

---

① 骆清. 生态文明教育内容的体系构建 [J]. 学理论，2015（26）.
② 马克思恩格斯选集（第1卷）[M]. 北京：人民出版社，2012：45.

生得越多，人们就越是不仅再次地感觉到，而且也认识到自身和自然界的一体性。"① 他们都强调人类和自然并不是对立的关系，人类不过是自然界的一部分。同时，马克思主义还认为，人与自然的关系是通过人的实践活动（生产活动）而发生的。在马克思主义经典作家看来，外在的自然界，"决不是某种开天辟地以来就直接存在的、始终如一的东西，而是工业和社会状况的产物，是历史的产物，是世世代代活动的结果。"② 马克思认为，建立在生产活动上的人与自然的关系，本质上就是人与自然所进行的物质变换关系。"劳动首先是人和自然之间的过程，是人以自身的活动来中介、调整和控制人和自然之间的物质变换的过程。"③ 恩格斯在他的著作中把这种物质变换关系表述为新陈代谢关系。这些论述既强调了人类不过是自然界的一部分，又强调了人类在自然界中的社会实践活动具有很强的主观能动性，是正确处理人与自然关系的指导思想。

进行生态自然观的教育，目的是使思想政治教育对象能运用马克思主义的辩证唯物主义观点正确认识人与自然的关系，重点是培养他们的生态忧患意识。李克强在会见出席中国环境与发展国际合作委员会 2012 年会的主要外宾时说，生态文明建设要有"走钢丝"的忧患意识。④ 生态自然观教育首先就是要通过对生态环境现状的介绍帮助教育对象了解生态问题的严重性，了解人类对自然环境的破坏导致的生态危机对人类生存和发展带来的巨大影响，使教育对象树立生态忧患意识。要通过生态自然观的教育，使教育对象认识到，如果继续过度地开发利用资源，加剧生态环境的恶化，将使我们人类的生存和发展受到严重威胁。要通过生态自然观的教育让教育对象明确，对于生态文明建设，我们每一个人都有义不容辞的责任，正如《中国生态文明建设高层论坛——广州宣言》倡议的那样："争做生态文明建设的积极倡导者、热心宣传者

① 马克思恩格斯选集（第 4 卷）[M]. 北京：人民出版社，2012：384.
② 马克思恩格斯选集（第 1 卷）[M]. 北京：人民出版社，2012：76.
③ 马克思恩格斯选集（第 2 卷）[M]. 北京：人民出版社，2012：177.
④ 李克强会见中国环境与发展国际合作委员会 2012 年会主要外宾 [N]. 光明日报，2012 - 12 - 13（3）.

和忠实践行者。"①只有这样，受教育者才能在人与自然关系的认识上有正确定位，也才能认识到人类制造了生态危机，现在必须发挥主观能动性建设生态文明。

二、以绿色发展为核心的生态发展观教育

绿水青山就是金山银山，这是习近平生态文明思想的一个重要内容，也是我们的生态发展观的核心要义。生态发展观强调在发展的过程中注重生态的可持续性。保护生态环境就是保护生产力、改善生态环境就是发展生产力，正确处理好经济发展与环境保护的关系，把调整优化结构、强化创新驱动和保护生态环境结合起来，更加自觉地推动绿色发展、循环发展、低碳发展，正在成为新常态。生态发展观的提出，不仅是当代人面临经济社会发展带来的日趋严重的生态环境危机而做出的一种理性选择，更是标志着人类伦理道德观念和生产生活方式的一场深刻变革。

绿色发展又被称为可持续发展（Sustainable development），这一概念在国际社会的提出，始于1987年由挪威首相布托特兰夫人领导的世界环境与发展委员会（又称"布托特兰委员会"）发表的题为《我们共同的未来》的研究报告。② 到2002年8月底9月初，在南非约翰内斯堡召开世界可持续发展首脑会议（峰会），短短15年时间，可持续发展的理念已经深入人心，实施可持续发展战略已形成世界共识，可持续发展也成为国际环境法最重要的基本原则之一。

可持续发展理念的形成和发展有着深刻的国际社会背景，其直接的动因则是人类对环境与发展两者关系认识上的不断深化。③ 概括来讲，这一理念的演化，大致可分为以下几个阶段。

（一）思想的萌芽和早期的体现

可持续发展的理念，可以追溯到很早乃至于古代。这些思想主要表现在对

---

① 《中国生态文明建设高层论坛——广州宣言》倡议——人人参与 从我做起 为生态文明建设作贡献［J］.安徽林业，2008（3）.
② 王曦.国际环境法［M］.北京：法律出版社，1998.
③ 骆清.可持续发展的历史回顾［J］.湖南省政法管理干部学院学报，2002（2）.

自然资源的一种可持续利用方面。在中国，早在公元前 21 世纪，就有"春三月，山林不登斧，以成草木之长；夏三日，川泽不入网罟，以成鱼鳖之长"的法令。美国国会曾在 1897 年制定的关于国家森林系统的法律中规定设立国家森林系统的目的是改善和保护森林、保障有利水流的条件和为国民持续不断地提供木材。

到了 20 世纪，当人们在庆祝工业革命的巨大胜利和人类文明的伟大成就时环境问题也引起了世人的注目。科研群体在发现问题，提出问题，并寻求解决问题的途径上起了巨大作用，为可持续发展理念提供了科学支撑。1962 年美国学者卡森发表了《寂静的春天》一书。该书是在毒理学、生态学和流行病学研究的基础上，认定农业杀虫剂危及动物生存和人类健康。1968 年，厄力奇发表的《人口爆炸》将人口的快速增长，资源的过度利用和环境污染联系起来，他的这一耸人听闻的假说立即成为一个世界性的焦点话题。1972 年，罗马俱乐部发表名为《增长的极限》的报告，就环境与发展的关系提出"零增长"的观点，成为当时全球性的争论热点。

1972 年联合国在瑞典斯德哥尔摩召开了人类环境会议。它第一次将环境问题列入重大国际议事日程，也催生了一系列的国际和国内环境保护机构。会上，发达国家关注环境保护、发展中国家强调经济发展。关于环境与发展的这一南北之争引发了人们更深层次的思考。大会通过的《人类环境宣言》前言中，就特别提到了环境问题与经济发展的关系："在发展中国家，多数环境问题，是发展不足造成的……发展中国家必须致力于发展，顾到它们的优先事项，也顾到保护并改善环境的必要。在工业化国家，环境问题多半是因为工业化和技术发展而产生的。"它还宣布"人类负有保护和改善这一代和将来的世世代代的环境的庄严责任"（原则 1）。"为了这一代和将来的世世代代的利益，地球上的自然资源，必须通过周密计划或适当管理加以保护"（原则 2）。1980 年的联合国大会第 35/8 号决议确认保护自然是对当代人和后代人的历史责任。1982 年的《世界自然宪章》要求实现并保持各种资源和生态系统的"最佳可持续生产力。"

（二）概念的提出和原则的形成

为了深入探讨环境与发展的关系，1983 年联合国第 38 届大会通过第 38/167 号决议，在 1984 年 10 月成立了世界环境与发展委员会。因为委员会主席是挪威首相布托特兰夫人，所以又称作"布托特兰委员会"。该委员会的工作主要是研究环境与发展的关系并提出解决这一问题的实际建议。经过四年的工作，世界环境与发展委员会在 1987 年向联合国提交了名为《我的共同的未来》的研究报告。该报告阐述了协调环境与发展关系的一个基本原则，即可持续发展，就是既满足当代人的需要，又不对后代人满足其需要的能力构成危害的发展。

可持续发展是作为处理环境与发展关系的一项基本原则提出来的，但在此前的一些国际以及各国国内的环境法文件中，有关环境与发展关系的许多原则、规定等已经体现了可持续发展原则的基本精神。可持续发展原则的提出，可以说是对以往国际社会和各国关于环境与发展关系的理论发展和实践经验的总结和升华。

可持续发展是一种基于生态学，伦理学理念的发展观。传统的发展观认为环境与发展的冲突是无法调和的，因此要么是强调发展，要么是限制增长。并且传统的发展观只着眼于当前和当代部分人类的利益，而忽视或藐视未来和后代人类的利益。而可持续发展观将环境与发展统一起来，既迎合了许多国家需要发展的意愿，同时也符合环境与资源保护这一全人类的长远利益。所以这一理念一提出就受到了广泛的接受。

可持续发展原则的提出，在国际上产生了很大的影响，但各国对于这一原则的具体含义却有着不尽相同的理解：发达国家强调的是为了将来的发展而保护环境资源，发展中国家的立场则是着重在确保持续发展的条件下保护环境资源，两者的侧重点是不同的。

为了统一国际社会对可持续发展原则的认识，联合国环境规划署的环境规划理事会在 1989 年召开的第 15 届会议期间，经过反复磋商通过了《关于可持续发展的声明》。该声明指出，可持续发展绝不包含侵犯国家主权的含义；要达到可持续的发展，涉及国内合作和国际合作；可持续发展意味着走向国家和国际公平，包括按照发展中国家的发展计划向其提供援助；可持续发展要有支援性的国际经济环境，从而导致各国，尤其是发展中国家经济的持续增长和发展，可持续发展意味着要维护合理使用并增强自然资源基础；可持续发展还意味着在发展计划和政策中纳入对环境的关注和考虑，而不是在发展援助方面的一种新的附加条件。

1992 年在巴西里约热内卢召开的联合国环境与发展会议，也称地球首脑会议，是可持续发展原则在全球环境与发展领域内正式确立的标志。大会通过的 5 个重要国际环境保护文件《里约环境与发展宣言》《21 世纪议程》《联合国气候变化框架公约》《生物多样性公约》《关于森林问题的原则声明》均体现了可持续发展原则的精神。尤其是《里约环境与发展宣言》宣布的多项原则直接阐述了可持续发展的内容和要求。联合国环境与发展大会在 1992 年《里约环境与发展宣言》中对可持续发展作了进一步的阐述："人类应享有与自然和谐的方式过健康而富有成果的生活的权利，并公平地满足今世后代在发展和环境方面的需要。"原则 3 宣布："为了公平地满足今世后代在发展与环境方面的需要，求取发展的权利必须实现。"原则 4 指出："为了实现可持续的发展，环境保护工作应是发展进程的一个整体组成部分，不能脱离这一进程来考虑"。

总之，可持续发展是人类社会在几十年的探索实践中找到的一条维持地球生态系统繁荣稳定的发展道路，它是对现代生态学、环境经济学以及环境伦理学思想理念的归纳总结及现实化。

（三）遭受的挫折和近期的发展

跟其他国际性原则一样，可持续发展原则的发展进程也不是一帆风顺的，同样遭受了一系列的挫折。1997 年，在里约会议五周年之际，联合国大会召开特别会议，敦促实施《21 世纪议程》，它是可持续发展的行动纲领。2000年，《联合国气候变化框架公约》缔约方会议未能就规定发达国家减排温室气体的《京都议定书》生效达成协议。2001 年，美国宣布退出《京都议定书》。排放大国俄罗斯和日本仍是观望状态。在这样一种情况下，2000 年 12 月联合国大会做出决议，宣布于 2002 年召开世界可持续发展首脑会议。

2002 年在南非约翰内斯堡召开的世界可持续发展首脑会议是全球可持续发展进程中一个新的里程碑。从名称上看，它第一次正式使用"世界可持续发展首脑会议"，主题十分鲜明。从规模上看，它超过了 10 年前的里约会议，来自 191 个国家的政府代表以及政府间组织和非政府组织、私营企业、民间社团和学术研究群体的代表共两万多人出席了此次盛会。从目的上看，它是在行动，所以又称为可持续发展行动的峰会。对可持续发展的内容，各国谈判代表并没有争议，谈判的作用是深化对可持续发展的认识。但对可持续发展的实施手段和管理，在谈判中却存在着严重分歧。各国在《约翰内斯堡宣言》中进一步表明了实施可持续发展的政治意愿，并协议通过了有具体目标和时间表的《执行计划》。

尽管此次会议没有实现《京都议定书》的生效，但其效果是积极的。[①] 其一，会议首次明确了可持续发展的三大支柱：社会发展、经济发展和环境保护，一致认为三者相互依存，互为强化，不可孤立认识。这种三维构架只有一个中心：以人为中心。这一理念贯穿整个谈判过程，并明确体现在协议文本中，是可持续发展的实现手段和管理方面达成共识的基础。其二，在《执行计划》中，消除贫困不是泛泛而谈，而是具体到贫困的根源，从根源上寻求解决方法，并将非洲和小岛国单列出来，予以特别关注。其三，将可持续发展认识的观念转变为寻求环境友善的发展和为了发展而保护环境。认为人类可以通过提高生态效率，减少资源消耗来改变当前的不可持续的方式，实现可持续的生产和消费。其四，令人可喜的是，会上，中国等一批国家宣布了批准《京都协定书》的决定，俄罗斯也承诺将启动批准议定书的进程，显示了国际社会通过合作对付全球环境问题的决心和勇气。

中国是个发展中国家，"发展是硬道理"，谋求科学发展是我们坚定不移的方向。我们追求的发展，是全面、协调、可持续的发展，这种发展理念也全面渗透和体现在生态文明思想之中，其价值目标表现为鲜明的"发展型生态"思想。因此，在生态文明思想的培育过程中，应该始终坚持生态可持续发展的价值目标，大力导引"发展型生态"的价值取向与价值追求。

我国生态文明建设的直接目标，是建设美丽中国。美丽中国就是具有天蓝、地绿、水净自然美景的中国，是生态可持续发展模式的结晶。生态的可持续发展是指既要满足当代人的需要，又不对后代人所需要资源构成危害的发展。正如江泽民同志所指出的，"所谓可持续发展，就是既要考虑当前发展的需要，又要考虑未来的发展需要，不要以牺牲后代人的利益为代价来满足当代人的利益"。[②] 2013 年 4 月，习近平同志在海南考察时，希望海南处理好发展

① 金瑞林. 环境与资源保护法学 ［M］. 北京：北京大学出版社，1999.
② 中共中央文献研究室. 江泽民同志论有中国特色社会主义（专题摘编）［M］. 北京：中央文献出版社，2002：279.

和保护的关系，着力在"增绿""护蓝"上下功夫，为子孙后代留下可持续发展的"绿色银行"。① 我们党和国家在部署生态文明建设的时候，一贯坚持为人民谋福祉的宗旨，积极主张和大力倡导绿色发展观，为实现中华民族永续发展规划了蓝图，为建设美丽中国提供了根本遵循。绿色发展观是从生态经济学的全新视角提出来的，是一个契合当今世界经济社会永续发展主流思潮的全新理念，是一条利在当代惠及子孙后代的科学发展之路，也是世界经济社会永续发展的前提和基础。因此，在生态文明思想培育活动中，一定要加强生态文明思想的目标导引，着力提高大学生绿色发展的思想意识。

三、以低碳消费为核心的生态消费观教育

生态消费观是在对西方消费主义进行批判的基础上发展起来的新的消费观，是生态意识在生活消费中的具体体现。② 生态消费观的基本思想主要包括：应深刻认识和坚决反对资本主义经济发展必然带来的消费异化；提倡适度消费，反对过度消费；提倡绿色消费，反对高碳消费。

随着资本主义经济的发展，西方消费主义行为超过了环境的容量。西方生态马克思主义深刻地认识到："产品和需要范围的扩大，总是要机敏地屈从于精致的、非自然的和幻想出来的欲望"。③ 从而出现了"无产阶级通过消费奢侈品以补偿异化劳动过程中的艰辛和痛苦，追求所谓的自由和幸福；资产阶级在控制无产阶级整个消费的过程中也被消费所控制，整个资本主义社会因此也被消费所异化"。④ 这就是所谓的消费异化理论，资本主义社会通过不断地刺激消费以扩大需求拉动生产来维持经济的正常运转，一方面必然消耗许多有限的自然资源，造成一些不可再生资源的枯竭；另一方面又会产生大量的消费废弃物，它们过度的排放必然对生活环境造成严重的污染，譬如电子垃圾和汽车尾气就成了许多地区棘手的环境难题。因此，要有效解决普遍存在的生态失衡问题，人们必须在消费观念上进行深刻的革命，培养生态消费观。

---

① 中共中央宣传部．习近平总书记系列重要讲话读本［M］．北京：学习出版社，人民出版社，2014：122.

② 裴艳丽．大学生生态文明观教育研究［D］．武汉大学，2018.

③ ［加］威廉·莱斯．《自然的控制》［M］．重庆：重庆出版社，1993.

④ 刘仁胜．《生态马克思主义概论》［M］．北京：中央编译局出版社，2007：43.

进行生态消费观的教育，目的是使思想政治教育对象能正确对待生活消费，增强节约意识，形成合理消费的社会风尚，重点是培养他们的绿色消费意识。生活中的绿色消费有三层含义：引导消费者崇尚自然，追求健康；倡导消费者选择未被污染或有助于公众健康的绿色产品；消费过程中注重对生活垃圾的处置。对个人来说，作为一名消费者要自觉选择绿色产品，接受绿色服务，在衣食住行的各个方面都要提倡绿色消费和低碳生活，自觉抵制那些污染环境、高耗费资源的商品。同时，生态消费观教育还要提倡适度消费。适度消费就是一种资源节约、环境友好的合理消费，它要求我们以获得生活基本需要的满足为标准来占有物质资源。过度消费是一种脱离现实生存环境与合理需求的消费方式，它以享乐、挥霍、奢侈为特征，使人们对物质与能量的消耗无限膨胀，最终超出了自然界所能承受的程度，必将对自然资源造成巨大浪费，威胁到生物的多样性和生态的平衡性。我国传统文化中主张精打细算、细水长流，提倡勤俭节约、反对铺张浪费的思想观念，值得继承与弘扬。

《关于促进绿色消费的指导意见》指出，到2020年要基本形成勤俭节约、绿色低碳、文明健康的生活方式和消费模式。消费模式包含消费水平、消费结构和消费方式。文明健康的消费模式就是要以适度增长的消费水平，日趋合理的消费结构，注重节约的消费方式来引导人们的消费行为的变革，使消费趋于理性、节约、适度、文明。减少一次性消费，消费以可持续性为核心，以健康和节约资源为主旨，做到节约资源，减少污染；绿色生活，环保选购；重复使用，多次利用；分类回收，循环再生。应积极培养低碳的生活习惯，注意节电、节水、节油、节气，充分利用太阳能等可再生资源，减少塑料袋、餐盒等一次性用品使用。推广绿色服装，提倡绿色饮食，鼓励绿色居住，普及绿色出行，倡导绿色旅游。

四、以生态伦理为核心的生态道德观教育

生态道德观是人们对如何运用道德规范来处理人与自然的关系的系统认识和看法，是马克思主义生态观在对西方生态伦理学进行借鉴的基础上发展起来的新观点。生态道德观的基本思想主要包括：不但人与人之间存在道德关系，人与自然（尤其是动物）之间也存在道德关系；生态伦理应成为人类道德规范的重要组成部分；人类对生态道德规范的遵守是正确处理人与自然关系的重

要前提，也是人类在道德上完善自我的必然途径。

　　进行生态道德观的教育，目的是使思想政治教育对象能树立正确的生态伦理意识，重点是培养他们的生态良知感、生态善恶感、生态正义感和生态使命感。在处理人与自然的关系时要把道德教育纳入其中，弘扬生态道德观念，使社会公众养成良好的"生态德性"。一是生态良知感。生态良知是一种生态方面的道德认知，强调把自然界作为有自身利益和自身情感的道德对象来看待。生态良知能够使社会公众自觉遵守生态的公平性原则、持续性原则和整体利益原则，培养社会公众的前瞻意识和自省意识，引导他们在内心形成和确立生态道德观。二是生态善恶感。生态善恶感是一种热爱自然、保护自然的道德情感，是深入心灵的生态感情与道德"自省"。衡量生态善恶的标准是以人的行为是否与生态环境的可持续发展要求相一致。凡是促进人与自然和谐发展的行为都是善良的，反之则为恶。要通过教育帮助社会公众树立生态善恶的道德观，让社会公众清楚每个个体与社会集团的生态行为的是与非、荣与耻。三是生态正义感。生态正义是指个人或社会集团的行为必须符合生态平衡原理，遵循生物多样性原则，尊重全世界人民保护环境的愿望，维护"只有一个地球"的全球共同的生态利益，是监督和评价生态行为的道德准则。具有生态正义，就能够约束和制止其他个人或社会集团破坏生态的不道德行为，与非正义的生态行为作斗争。四是生态使命感。生态使命感就是一种对生态道德规范的认真遵守和生态责任的自觉担当。生态文明建设是全体公民的共同事业，要求每个公民积极参与，自觉履行应尽的生态道德义务。要通过生态道德观教育，使社会公众自觉担负起保护资源和环境的道德责任，努力使生态道德规范转化为每个公民的自觉实践。

　　生态道德观教育强调以一定的生态道德准则和规范为转移，符合生态道德的行为，品质就是善；而违反生态道德准则和规范的行为，品质就是恶。例如对曾经发生的大学生硫酸泼熊、微波炉烤宠物等虐待动物的行为和事件，任何一个具有生态道德情感的人必定会对这种行为进行谴责、否定。生态道德义务是指人们在维护整个生态系统的平衡过程中的一种自觉的行为，它不受法律约束，不要求金钱报酬。如，义务植树节活动以及人们倡导的"世界水日""爱鸟周""世界地球日""禁烟日""环境日""人口日""粮食日""卫生日""野生动物保护宣传月"等，这些都成为一种社会公德和社会荣誉，这种道德义务是人们自觉的行为，不受法律约束，也不在乎金钱报酬。

在生态伦理中，还有一个重要思想就是生态平等，它是关于生活在自然界中的全人类在生态权利的享受和生态义务的承担方面所处生态地位平等的观点，是西方生态马克思主义对马克思主义生态观的丰富和发展。生态平等的基本思想主要包括：同一代人，不论国籍、种族、性别、经济水平和文化差异，在要求良好生活环境和利用自然资源方面，都享有平等的权利；当代人有责任保护地球环境并将它完好地交给后代人；在全球环境治理方面强调共同但有区别的责任。

进行生态平等思想的教育，重点是培养思想政治教育对象的"代内公平"和"代际公平"意识。代内公平原则是 1992 年联合国环境与发展大会的主题之一，也得到了许多环境保护的国际条约和文件的认可。从生态问题的历史和现状来看，由于国家和地区经济发展的不平衡，代内不平等的情况非常严重。发达国家的富裕大多建立在对发展中国家自然资源的剥削和掠夺之上，发展中国家往往成为转嫁污染的"垃圾场"。正是发达国家不顾环境承载能力的快速发展使环境问题日益严重，使生态危机危及整个人类的生存。西方生态马克思主义的重要代表奥康纳认为"资本的积累得以继续，主要是通过在总体上对南部国家和世界范围内的穷人欠下一笔生态债来完成的"。① 这其实是一种发达资本主义国家对落后地区的生态殖民主义。代内公平要求任何国家和地区在开发和利用自然资源时必须考虑到他人的环境需求，不能损害其他国家和地区的生态利益。在全球环境治理方面，还要求考虑各个国家和地区如何公平分担治理环境的责任。这种公平，不应是绝对数上的简单公平，而应从历史、现状来分析，强调一种共同但有区别的责任。那种主张一切国家和地区不加区分的分担环境责任的公平，其实是一种真正的不公平。社会公众的代内公平意识的培养是生态平等观教育最重要的任务。

"代际公平"意识的培养目的是强调当代人在满足自身生存与发展需要的同时必须为后代人类的利益保护好自然资源。代际公平的思想最早由美国国际法学者爱迪·B·维丝提出，他提出了一个"托管"的概念，认为人类的每一

---

① ［美］詹姆斯·奥康纳. 《自然的理由——生态学马克思主义研究》［M］. 唐正东等译. 南京：南京大学出版社，2003.

代人都是后代人类的受托人，当代人有责任保护地球环境并将它完好地交给后代人。代际公平的思想主要包含三项基本原则：一是"保存选择原则"，每一代人应该为后代人保存自然和文化资源的多样性，使后代人和前代人拥有相似的可供选择的多样性，避免限制后代人的权利；二是"保存质量原则"，每一代人都应该保证生存环境的质量，在交给下一代时，不比自己从前一代人手里接过来时更差；三是"保存接触和使用原则"，每代人对于前代人留下的东西，应该继续保存，使下一代人也有权对隔代遗留下来的东西进行了解和受益。代际公平的思想在国际环境法领域已经被广泛接受，并在很多国际条约中得到了直接或间接的体现。它要求我们不能为了当代人的眼前利益而牺牲后代人的长远利益，不能因发展经济而破坏生态平衡，保证每代人公平地享有生态权利和承担生态义务。

五、以环境保护为核心的生态法制观教育

生态法制观是人们对如何运用法制手段来保护生态环境的系统认识和看法，是法律意识在马克思主义生态观方面的具体体现。生态法制观的基本思想主要包括：生态文明建设不仅需要道德的推动，也需要生态法律、法规的引导和约束；每个公民或社会集团在享有生态权利的同时必须承担法定的生态义务；在正确处理人与自然的关系中，法制手段是最重要的保障。

进行生态法制观的教育，目的是使思想政治教育对象能树立正确的生态法律意识，重点是培养他们的生态法治意识和生态维权意识。近年来，注重通过法律手段来保护自然资源、治理环境污染已经成为社会公众的重要立法共识，我国生态立法加速发展，已基本形成了环境保护法律体系。加强生态法制观教育，能够提高社会公众的生态法律意识，强化公民在环境保护法律义务方面的政治认同，并以生态法律规范自己的生态行为。同时，生态文明建设是全体公众的事业，法律法规支持公众在环保方面的知情权、参与权和监督权等权利。我国环境保护法规定"一切单位和个人都有保护环境的义务，并有权对污染和破坏环境的单位和个人进行检举和控告"。但在环境公益诉讼制度方面，我国的立法还需要进一步细化完善。提高普通大众的生态维权意识，有助于促进人们在守法的同时参与生态的立法、执法和司法，从而提高生态立法的质量、执法的效果和司法的监督。生态法制观教育将增强社会公众的生态环境保护的

意识，使他们在用生态法律意识自觉规范自身行为的同时，还会运用法律武器与一切危害生态环境的不法行为作斗争。

生态文明教育作为思想政治教育的重要组成部分，毫无疑问是一种以辩证唯物主义和历史唯物主义世界观为指导的有关生态的思想观念的教育。这种观念教育一方面以生态学基本知识的掌握和生态环境现状的了解作为必要的前提，另一方面又以公民的生态文明行为的养成作为预期的效果和追求的目标。但生态知识并不直接产生生态行为，只有正确的生态理念才能搭建起两者之间的桥梁。在丰富的马克思主义生态思想中提炼出生态自然观、生态平等观、生态发展观、生态消费观、生态道德观和生态法制观作为生态文明教育内容的基础因子。其中，生态自然观和生态平等观的教育主要用来引导人们正确处理人与自然的关系、正确对待人类自身代内和代际之间的生态权利和义务，它们是引导人们生态文明行为的前提，是生态文明教育的基础内容。生态发展观和生态消费观教育主要用来引导人们在生活中注重节约资源、保护环境，它是引导人们生态文明行为的重点，是生态文明教育的关键内容。生态道德观和生态法制观的教育主要是通过道德规范和法律规范来调整人与自然的关系，它们是引导和约束人们的生态行为的两种最重要的手段，是生态文明教育的保障内容。五者之间相互独立又紧密联系，共同构建起生态文明教育的内容体系，为"培养生态人"教育目标的实现提供了有效保证。

生态文明教育要强调道德约束和法律约束并举。一方面，生态问题的解决，单纯依靠法律的强制执行是不能实现的，它必须建立在强烈的生态意识的基础之上，依靠公民的道德自律，即以生态伦理来约束自己的行为、以生态伦理来正确地处理人与自然的关系来实现。另一方面，道德规范对公民行为的约束是有限的，单纯依靠道德规范来改变人们在生态文明建设方面的不良行为也是远远不够的。只有把道德约束和法律约束有效结合起来，才能制止公民对待生态环境的不当行为。

第九章　大学生生态文明教育的方法创设

大学生生态文明教育不但要强调问题导向、目标导向，还要坚持结果导向，如何通过有效的方法和途径提升实效是大学生生态文明教育的落脚点。采用什么样的方法、借助什么样的手段、通过什么样的途径来进行大学生生态文明教育，直接关系到高校生态文明教育内容的有效展开和教育目标的真正实现。大学生生态文明教育作为高校思想政治教育的新元素，要想取得实效必须进行方法创设和途径拓展。

大学生生态文明教育方法必须以思想政治教育方法论为基础，既有继承又有发展。"我们不但要提出任务，而且要解决完成任务的方法问题，我们的任务是过河，但是没有桥或船就不能过。不解决桥或船的问题，过河就是一句空话。不解决方法问题，任务也还是瞎说一顿。"① 毛泽东同志特别强调方法对于完成任务，做好工作的重要性。除了一般常见的方法外，结合现在思想政治理论课的教学改革和思想政治教育方法的守正创新，大学生生态文明教育的方法也应不断地发展。

一、以课堂教学为核心的基本方法系列

培养大学生生态文明素养，高校思想政治理论课是不可替代的重要平台。譬如，王康认为，高校在普遍缺乏生态教育公共必修课的情况下，加强面向各层次、各科类大学生的公共必修课——高校思想政治理论课的生态文明教育的力度显得尤为重要和迫切……新开设的四门课程在实施生态文明教育时可以结合各自的内容和特点，做到有机渗透、各有侧重。② 黄娟等论述"大力开发潜

① 毛泽东选集（第一卷）[M]．北京：人民出版社，1991：125．
② 王康．高校思想政治理论课加强生态文明教育的思考 [J]．思想理论教育导刊，2008（6）．

在的生态文明教育资源"时认为："在《纲要》中适当补充生态环境史，在《基础》中增加生态思想、生态道德与生态法律等内容，在《原理》中增加马克思主义生态文明理论，在《概论》中增设中国特色社会主义生态文明建设专题。"① 如一些坚定的生态道德信念、生态价值观的培养、分析复杂的生态关系、生态伦理理论、人与自然的关系等可渗透进马克思主义哲学课中；环境保护的法规法令、生态道德公约、环境教育的交流与合作等内容可以融入法律基础课中；科学发展观、人与自然和谐共生、可持续发展理论等内容可以穿插在中国特色社会主义理论体系课中；社会公德教育、生态道德的基本知识、提高生态道德修养和精神境界、生态道德情感培养、毅力升华、习惯养成教育课贯穿在思想道德修养课中。

除了思想政治理论课以外，高校还要大力推进"课程思政"建设，充分发挥其他课程在大学生生态文明教育中的作用。

（一）将生态文明教育贯穿课堂教学全过程

"课程思政"的提出有深厚的理论依据。"课程"是现代教育学基本理论中很重要的一个词语。《现代汉语词典》将课程解释为"学校教学的科目和进程"②，是学校教育教学工作主要的载体。在高校，根据不同的培养目标，不同的学科和专业会形成各自不同的课程体系。平时所谓的大学"思政课程"是指在高校统一开设的思想政治教育科目及相关教育活动的总称，是对大学生系统开展马克思主义理论教育、开展社会主义核心价值观教育的主渠道。

"课程思政"与"思政课程"不是简单的词语顺序的调整，而是一种新的课程观。它不是在现有的五门思政课程（含四门必修课和《形势与政策》课）之外增开一门或一类具体教学科目，也不是增设一项教育活动，它是指以课程为载体，以思政教育为灵魂，强调课程的育人功能，在非思政课程中纳入那些能够引导学生树立正确世界观、人生观和价值观的内容，即非思政课融入思想政治理论教育，强调学校所有的教学科目和教育活动，都渗透和贯穿着思政教育。"课程思政"是把高校教育教学中的"知识传授"和"价值引领"有机

---

① 黄娟等. 高校思想政治教育课程开发利用生态文明教育资源的思考［J］. 高等教育研究，2010（12）.

② 《现代汉语词典》（第5版）［Z］. 北京：商务印书馆，2010：776.

统一起来，改变高校长期以来存在的思政教育与通识教育、专业教学"两张皮"的现象，建立起全员、全课程育人的大思政教育体系。① 具体而言，"课程思政"具有以下一些鲜明的特征：

1. 在教学目标上，作为一种新的课程观，"课程思政"认为，任何课程教学第一位的目标是立德树人，强调理想成长教育和专业发展教育的有机结合。"课程思政"并非要将所有课程都当作思政课程去定位，而是强化所有课程的教育性，突破了以前对课程教学体系的狭隘认识。不再把思政教育局限于思想政治理论课这一渠道，也不再把其他课程定位局限于知识传授和技能培养，而是把价值引领贯穿到综合素养课、专业理论课的教育活动中，形成课程教学活动"大思政"的新格局。

2. 在教学内容上，作为一种新的课程观，"课程思政"认为，一门课程就犹如一项思政，强调应用思想政治理论教育的学科思维处理教材、组织教学内容，充分挖掘蕴含在相关知识中的思想因素，帮助学生实现全面发展。传统的高校综合素养课和专业理论课程的教学内容，一般是知识化和技能化的组合，在专业知识领会和相关技能训练过程中，可能也点缀一些思政教育在其中，但往往被教师和学生忽略，没有发挥应有的作用。

3. 在教学评价上，作为一种新的课程观，"课程思政"认为，自觉贯彻党和国家的教育方针以实现学生的全面健康发展，是对围绕专业人才培养的课程教学活动进行教学评价的根本准则，也是"一票否决"的根本原则。②

（二）发挥各类课程在生态文明教育中的作用

我们党一直重视思想政治工作，我们党委领导下的高校也一直重视大学生的思想政治教育，但是高校思政课与其他课程协同育人的格局未能有效形成。"课程思政"建设作为推进高校思想政治工作的有力措施，首先需要高校领导和全体教师确立以下理念：

1. 每门课程都具有育人的任务。在高校课堂里，还是普遍存在重知识传

---

① 邓晖，颜维琦. 从"思政课程"到"课程思政"——上海探索构建全员、全课程的大思政教育体系 [N]. 光明日报，2016 – 12 – 12（008）.

② 邱开金. 从思政课程到课程思政，路该怎样走 [N]. 中国教育报，2017 – 03 – 21（010）.

授轻思想教育的现象。加强高校思想政治教育工作，不能就"思政课"谈"思政课"建设，必须着力将教书育人落实于所有课堂教学的过程之中，深入发掘各类课程内含的思想政治理论教育资源，只有这样才能真正发挥所有课程的育人功能，切实落实所有教师的育人职责。

首先要实现"思政课程"向"课程思政"理念的转变，破解专业课程教学和思想政治教育"两张皮"的难题，化解思想政治课程"孤岛化"的现状，扭转专业课程教学中普遍存在的重智育轻德育的现象，以专业技能知识为载体来加强大学生思想政治教育，最大化实现课堂育人的主渠道功能，让大学生在学习专业知识的同时增进自身综合素养，接受价值引领。其次要积极探索思想政治教育教学改革，不仅在思想政治理论课上体现思政教育的专业性，更要挖掘专业课程中的思政文化内涵，让所有课都上出"思政味"，所有老师都挑起"思政担"，最终实现全课程、全方位的"大思政"格局。

2. 每门课程都可以发挥育人的作用。从教育学的基本原理来讲，高校的每门课程都可以发挥育人的作用。每门课程都是在一定的世界观指导下形成的知识体系，教师在讲授过程中都体现了一定的方法论，每次的教学活动都蕴涵着丰富的思想政治教育资源。当然，每门课程的侧重点是不一样的，育人作用发挥也是不一样的，一方面需要教师有意识地去挖掘课程知识体系中的思想内涵，另一方面需要教师在教学活动中主动地引导学生在世界观和方法论上进行深入思考，只有这样才能把每门课程的育人功能从自发状态转变为自觉状态。

习近平强调："要用好课堂教学这个主渠道，思想政治理论课要坚持在改进中加强，提升思想政治教育亲和力和针对性，满足学生成长发展需求和期待，其他各门课都要守好一段渠、种好责任田，使各类课程与思想政治理论课同向同行，形成协同效应。"① 这就要求高校党委不能单就"思政课"谈"思政课"建设，而是要抓住所有专业的课程改革这一核心环节，强调社会主义高校应具备全方位德育"大熔炉"的教育合力作用。

3. 教师是"课程思政"的关键。在"课程思政"教育教学改革的过程中，教师作为课堂一线的工作人员，他们的理念转变和创新实践是关键。习近

---

① 习近平在全国高校思想政治工作会议上强调：把思想政治工作贯穿教育教学全过程 开创我国高等教育事业发展新局面 [N]．人民日报，2016－12－09（1）.

平强调，教师是人类灵魂的工程师，承担着"立德树人"的神圣使命。在高校教师队伍建设上，要能统筹处理好广大教师育才能力和育德能力的关系，强调高校党委要不断提升教师思想政治素质，加强对教师的思想政治工作，通过建立中青年教师社会实践和校外挂职等制度，切实增强教师教书育人的责任担当能力。高校党委要引导广大教师加强师德师风建设，在课堂教学过程中，坚持教书和育人相统一，坚持言传和身教相统一。只有这样才能有助于改变专业教师"只教书不育德"的现象，提高全体教师育德意识和育德能力。

（三）高校开展"课程思政"教学改革存在的不足

通过对湖南省 5 所高校的问卷调查与个别访谈，笔者从培养方案、课程标准、教材编写、教学过程等角度了解了一些高校在"课程思政"教学改革方面存在的不足。①

1. 课程理念上，高校对"课程思政"还存在一些模糊认识。调查显示，一方面在教育行政部门的大力推进下，各高校对"课程思政"教学理念已形成广泛认同，都把它作为工作重点提上议程，并积极推进这项教学改革。通过试点，广大专业教师大多树立了既教书又育人的教学理念，能主动注意把"专业知识传授"与"核心价值引领"有机结合起来，对"课程思政"有了广泛的了解和认同。但另一方面，无论是教师个人还是学院领导，对"课程思政"还存在一些模糊甚至是错误的认识，还不能依据习近平总书记全程育人思想、思想政治教育学原理与方法、教育学的课程论等理论，来回答高校课程思政的何以必要与何以可能。有些文科类老师认为"课程思政"就是要把哲学社会科学的课程都打造成"大思政课"，有些理工科老师困惑于找不到自然工程科学的课程与思想政治工作的结合点，不知道如何去挖掘课程教材中的育人资源……这些问题的存在固然有一个发展完善的过程，关键还是认识不足的原因，课程育人的思想还没有完全形成，"课程思政"还是一项外部推进的教学改革，还不是基于一线教师和高校的内部驱动。

2. 机制建设上，高校"课程思政"教学改革还大都处于试点阶段，目前没有形成良好的运行机制。调查显示，虽然很多高校已开始"课程思政"教

---

① 骆清．高职院校"课程思政"运行机制与建设标准的实践探索［J］．教育科学论坛，2020（06）．

学改革的试点，但都还没有形成一套完整的运行机制。一是在运行机制上，还没有形成学校层面的推进"课程思政"教学改革的实施方案，缺乏长期规划和制度规范，普遍存在走一步看一步、推一下动一下的现象。二是在经费保障上，明显过低的经费无法支撑教改项目必要的支出，教师们在课程育人资源的挖掘、教学讲义的重新编写、校本教材的编辑出版等方面都感到捉襟见肘。三是在团队建设上，经验丰富的老师没有参加的积极性，想参加的年轻教师其他教学科研任务过重且经验不足，基本没有形成团队优势。在广大不同专业的青年教师中，也普遍存在自身思政理论储备不够，政治动态把握不准的问题，导致在课堂教学中处理价值引领时经常出现心有余而力不足的现象，与思政课教师的协同合作还停留在个人交情阶段。

3. 评价体系上，高校"课程思政"项目管理还基本属于起步阶段，目前没有形成科学的建设标准。调查显示，虽然"课程思政"教学理念在高校已得到广泛认可，但这项教学改革究竟应该怎样开展，并没有形成一个统一的模式，还是仁者见仁智者见智。在"课程思政"教学改革的项目管理和效果评价上，基本都处于起步阶段，并没有出台"课程思政"教改项目的建设标准，对质量的考核缺乏具体的方案。以笔者所在的湖南商务职业技术学院为例，学校 2018 年对第一批立项的"课程思政"教改项目验收时，4 门教改课程负责人都是摸着石头过河，项目建设是八仙过海各显神通，很难对其效果进行量化考核评价，最后也就统统合格了。实际上，没有开始的制度先行，这种结局也是意料之中的。

4. 外部环境上，教育行政部门对高校"课程思政"教学改革高度重视，但也没有形成有效措施。"课程思政"作为推进高校思想政治工作、落实立德树人根本任务的有效措施，不少高校都摸索了一些成功的经验，上海一些高校的有益探索更是得到了教育行政部门的充分肯定和大力推广。[1] 湖南省教育厅在《关于举办 2019 年湖南省职业院校思想政治教育教学能力比赛的通知》中首次设置了"课程思政"说课竞赛项目，通过挖掘课程蕴含的思政元素，科学、合理地将"思政"融入课程教学，着力推进"课程思政"在全员、全过程、全方位育人中的作用，借助"以赛促教"的形式，起到了明显的宣传推

---

① 虞丽娟. 从"思政课程"走向"课程思政"［N］. 光明日报，2017 – 7 – 20（8）.

广效果。但客观地讲，这种比赛推动作用还是相对有限的，如何让"课程思政"教学改革广泛深入地作为各高校和广大教师的自觉行动，目前教育行政部门还没有形成有效措施。

（四）高校推进"课程思政"教学改革的着力点①

新时代高校教学改革的一个重要任务，是要坚持立德树人宗旨，将思想政治工作贯穿学校教育教学全过程，实现全程育人、全方位育人。中共教育部党组专门发布的《高校思想政治工作质量提升工程实施纲要》中一个核心思想，就是高度重视课程育人主渠道，使所有课程都把育人摆到首要位置，形成"三全育人"格局。② 面对高校思想政治工作中普遍存在的专业课程育人资源开发利用不足，教师育人意识和能力有待加强，支撑保障课程育人的机制不够健全等现状，如何深入落实习近平全程育人思想，让中央的决策和部署在高校真正落地，各地各高校需要优化顶层设计，制定"课程思政"教育教学改革的实施意见和工作方案，通过不断探索新做法，拓展新路径，总结好经验，建立长效机制，切实提升"课程育人"效果。"课程思政"作为一种高校思想政治教育工作和课程教学工作的深层次改革，要有效推进，还需要在以下三方面着力。

1. 合理分类定位，力促各类课程与思政课程的同向同行。根据不同的标准可以对课程进行不同的分类，以课程教学目标中"知识传授"和"价值引领"的不同侧重为观测点，可以将高校开设的所有课程分为思政课程和非思政课程两大类别，其中思政课程指国家统一指定的高校思想政治理论课，非思政课程则包含综合素养课程和专业理论课程。其实所有的课程都包含思想政治教育的因素，只是侧重点不一样。一般认为，思政课是思想政治教育的显性课程，非思政课是思想政治教育的隐性课程。正如高德毅所言，课程思政要成功，既要把思政课程进行的显性教育进一步强化，又要把非思政课程进行的隐

---

① 骆清.浅谈构建"课程思政"教育范式的着力点［J］.新课程研究，2019（33）.
② 中共教育部党组关于印发《高校思想政治工作质量提升工程实施纲要》的通知［EB/OL］. http：//www. moe. edu. cn/srcsite/A12/s7060/201712/t20171206_ 320698. html.

性教育做足做深。^① 高校思想政治工作用好课堂教学这个育人主渠道，既要牢牢把握思想政治理论课的核心地位，又要充分发挥非思政课程的育人作用，形成整个课程体系立德树人的协同效应。

就目前而言，高校思政课程与其他课程的关系基本上还是和谐的，大部分老师都能既当"经师"也做"人师"，通过言传身教自觉履行教书育人的职责。大学教师在社会大众尤其是青年学生中不仅仅代表着知识渊博，同时也是品德高尚的象征，他们通过课堂教学这个主渠道来影响学生。但是也应该看到，基于不同的教学内容和教学目标，有些高校思政课程呈现边缘化趋势，慢慢成了课程孤岛。面临大学生的思想多元观念多样，思政老师总是感觉单兵作战独木难支。究其原因，一些高级知识分子秉持"价值中立"的观念，在专业课程教学中侧重知识传授回避价值判断，没有针对学生可能出现的困惑进行有效引导。更有甚者，个别高校教师打着"学术自由"的幌子，在课堂上不守纪律不讲原则，传播一些负面消息，宣传一些错误思想，与思政课程的内容背向而行，削弱了思政教师的教育效果。基于这种现状，围绕立德树人的中心任务，必须构建新的"课程思政"教学改革，强调高校各类课程与思政课程的同向同行，形成课程育人的合力。

在推进"课程思政"教学改革的过程中，不同课程的定位自然不一样，育人功能的发挥也各不相同。虽然强调所有课程应该上出"思政味"，但绝对不是要把其他课程都打造成思政课程。推进"课程思政"教学改革，应该本着"要让每门课程体现育人价值"的准则，构建以思政理论课为核心，综合素养课、专业理论课"一核双环"的课程育人体系，并针对不同类型课程探索不同的教学改革途径。一是思想政治理论课自身的教学改革，应坚持以问题为导向，突出针对性强调亲和力，在理论联系实际上下功夫，特别要注重对思政课教学方法的研究和运用，可以采用"档案解密式教学法""我的课堂我做主""行走的课堂"等教学形式，通过"有趣味、有地气、有认同"的"三有"教学，真正让大学生们真心喜爱。二是综合素养课程的教学改革，应贯彻实现大学生德智体美全面发展的理念，注重借助通识教育培养大学生的良好

---

① 邓晖，颜维琦．从"思政课程"到"课程思政"——上海探索构建全员、全课程的大思政教育体系［N］．光明日报，2016－12－12（008）．

素养，加强中国梦理想信念的教育和社会主义核心价值观的培育。各高校要围绕课程设置、教师选聘以及教学评价等方面，制定综合素养课程的建设标准，强化其中的政治导向和思想引领，突显综合素养课程在意识形态建设方面的特殊使命。三是专业理论课程的教学改革，应强调"专业知识传授"与"核心价值引领"相结合，突出以专业技能知识为载体开展育人工作。根据课程的不同特性，深入挖掘课程知识结构和方法体系中蕴含的思想政治教育资源，通过重新制定课程标准和编写基本教材，从培养目标、教学内容和教学方法等方面进行科学的教学设计，发挥它们在大学生思想政治教育方面不可替代的作用。

2. 引导团队协作，促进思政教师和专业教师的结对互助。要实现各类课程与思政课程的同向同行，绝不是能简单依靠教育行政命令和学术理论研究就可以达到的，必须充分发挥一线教师的主观能动性。但在实际教学工作中，往往存在思政教师不懂学生所学专业，教学内容不能紧密结合学生专业背景，导致思政理论教育脱离学生实际，不能因专业施教而影响教学效果的问题。在广大不同专业的青年教师中，也普遍存在自身思政理论储备不够，政治动态把握不准的问题，导致在课堂教学中处理价值引领时经常出现心有余而力不足的现象。有效解决这些问题，必然要求推进思政教师和专业教师的结对互助，通过团队协作的方式来取长补短共同进步。

推进"课程思政"教学改革不能搞运动式的一哄而上，必须认真设计，有序推进。"课程思政"教育教学改革的目标不是要把所有专业教师都转换成思政老师，而是在原有基础上强化教师的育德意识。在具体推进过程中，可以考虑先由各院系的专业教师自愿申报某一门专业课作为改革共建课程，在一定的范围内进行试点摸索经验，然后由点及面逐步扩大，最后覆盖到全校所有专业的全部课程。在实际操作中，建议由一门专业课的教师和至少一名思政课教师合作开展该门课程的教学改革，一起研究试点课程教学内容中思政资源的挖掘和教学方法中育人途径的创新，共同撰写试点课程教学改革方案，并协同组织课程思政的具体实施。通过团队协作结对互助的方式深入开展共建活动，发挥专业课教师和思政课教师各自的优势和特长，把思想政治教育有机融入专业课程的教学活动中，充分实现专业课程的育人价值。

推进"课程思政"教学改革，应在思政教师和专业教师的结对互助中梯次推进有序开展，逐步形成课程、专业、学校三个层面的试点经验。通过扶持一批将思想政治教育融入课程教学的教学名师，培育一批学科育人的示范课程，来推广一批"课程思政"教学改革的工作典型。以此为基础，进一步加强理论研究与经验总结，形成可转化、可推广的课程育人教学改革。可喜的是，不少高校在"课程思政"教育教学改革方面都摸索了一些成功的经验，上海高校的有益探索更是得到了教育行政部门的充分肯定和大力推广。① 许多高校迅速落实中央决定，纷纷出台文件开展相关活动，已经初步取得良好成效。比如在笔者参与的"'经济学基础'课程思政"教学改革试点项目中，思政课专任教师梳理提供我国在社会主义市场经济体制建设中的有关重要文件、重要精神，由专业课教师在课堂教学中结合经济学基础理论穿插讲解，尤其是讲到"市场失灵"的相关内容时，强调我国既坚持"使市场在资源配置中起决定性作用"的同时又重视"更好发挥政府作用"政策的科学性，受到了学生的内心认同与真诚欢迎，促使他们在学习专业知识的同时，进一步加强对国家相关经济政策的理解，产生了很好的思想政治教育效果。

3. 加强建章立制，实现课程教学和思想教化的常态共生。"课程思政"作为新时代加强高校思想政治工作，实现"三全育人"的有效措施，虽然提出的时间不是太长，但在教育行政部门的有力推广下迅速成为高校教育教学改革的热点问题，很多高校都出台了相关方案开展了相应的试点工作，一些大学教师在教学实践的基础上还进行了比较深入的理论研究，总体形成了一种很好的改革氛围。但是作为一个新生事物，"课程思政"本身有一个不断发展的过程，大家的理解也会不完全一致，具体的做法同样因人而异。如何借助这种有利情形，让"课程思政"的理念真正深入人心，让相应的教学改革持续推进，必须通过各高校的建章立制来形成长效机制，以实现课程教学和思想教化的常态共生。

推进"课程思政"教学改革的过程中，科学的考核评价具有很强的导向作用。"课程思政"的改革因为涉及的课程多种多样，决定了教学评价应强调

---

① 虞丽娟. 从"思政课程"走向"课程思政" ［N］. 光明日报，2017 - 7 - 20 (008).

原则性与普遍性。① 无论是思政课程还是非思政课程的教学，都要将立德树人置于首位，将正确的价值观、成才观渗透到教学全过程，这是"课程思政"的普遍性要求。高校教师围绕课程教学活动，是否坚持了正确的政治方向，是否自觉贯彻了党的教育方针等，是"课程思政"教学评价的根本准则。只有通过考核评价标准来大力推动课堂教学改革，促进高校教师围绕育人目标来修订专业教材，不断完善教学设计，把各门专业课程中所蕴含的思想政治教育元素和所承载的思想政治教育功能充分地融入课堂教学的各环节，才能完成好对大学生的思想教化，实现课程育人的创造性转化和创新性发展。

推进"课程思政"教学改革，需要在长效机制上下功夫。高校党委要进一步发挥领导作用、履行主体责任，坚持将马克思主义指导思想贯穿于教育教学全过程的方向，在各专业的人才培养方案制定时确保把"立德树人"摆在教学首要位置。教学行政部门在常规管理中要全面发挥课程标准的统领作用，有效推进教材编写、教学实施、教学评价等教学各环节的改革②，在所有专业课程体系的编制和实施、课程目标的制定和落实、课程教材的选择和组织以及课程评价的标准和运用等方面进行规范性制度安排，使其有效配合，相互促进。人事管理部门要加强师资队伍的培养建设，形成"教书育人"考核评价和激励机制，让"课程思政"理念深入师心。通过这些机制的有效运转，让全体高校教师真正做到以习近平总书记在全国高校思想政治工作会议上的讲话精神为指导，贯彻落实中央关于加强和改进新形势下高校思想政治工作的具体要求，自觉推进各门课程的教学改革，积极探索"知识传授"与"价值引领"紧密结合的新方法与新途径，努力实现课程教学和思想教化的常态共生。

（五）构建全面推进高校"课程思政"建设的运行机制③

高校开展"课程思政"教学改革存在以上一些不足，究其原因，既有"课程思政"教学改革作为新生事物在高校起步晚、涉及面广等因素，但也与

---

① 邱开金. 从思政课程到课程思政，路该怎样走［N］. 中国教育报，2017 – 03 – 21（010）.

② 教育部关于全面深化课程改革落实立德树人根本任务的意见［EB/OL］. http：//www. moe. gov. cn/srcsite/A26/s7054/201404/t20140408_ 167226. html.

③ 骆清. 高职院校"课程思政"运行机制与建设标准的实践探索［J］. 教育科学论坛，2020（06）.

各高校在治理能力与治理体系现代化方面的不足有关，关键还是缺乏良好的顶层设计。如何遵循思想政治工作规律，遵循教书育人规律，遵循学生成长规律，形成一个包含动力机制、保障机制、激励机制等在内良好的运行机制，实现专业课程育人的"规范化""科学化""常态化"，为全面推进"课程思政"教学改革提供具有可操作性的方案，是高校思想政治工作理论研究与实践探索都亟待解决的当务之急。

1. 在思想认识上用真功，形成内部驱动的动力机制

虽然我们党委领导下的各地高校一贯重视思想政治工作，但是长期以来，我们无论是在理论上还是实践中，总是过分强调高校思想政治理论课的主渠道作用和大学日常思想政治教育的主阵地功能，习惯于围绕思政课程谈思政教育，局限于思想政治课教师"单兵作战"，导致高校思政课与其他课程协同育人的格局总是未能有效形成。"课程思政"强调正确处理各类课程中"知识传授"与"价值引领"两者之间的关系，要求广大教师通过课堂这一主渠道实现既教书又育人，是遵循"三大规律"尤其是教书育人规律的具体体现。"课程思政"教育教学改革作为推进高校思想政治工作的有力措施，其思想内核就是要发挥各类课程在高校思政工作中的有效作用。何红娟在研究高校课程育人体系的建构策略时指出，思政教育理念转换是其基本前提，教育共同体形成是其基本依托。① 只有通过选派教师外出学习培训，定期开展专题研讨，扶持一批将思想政治教育融入课程教学的教学名师，树立一批"课程思政"教学改革的工作典型，来形成一种良好的氛围，促使所有的教师担起"育人责"，促进所有课程都上出"思政味"。只有思想认识上明白了，大家才能产生源源不断的内部动力。

2. 在配套措施上动真格，形成长期有效的保障机制

如何让"课程思政"教学理念深入人心、长期有效地发挥作用，必须形成良好的保障机制。邱伟光认为"课程思政"重在建设，教师是关键，教材是基础，制度建设是根本保障。② 这种保障不仅仅体现在经费方面，除了要对

---

① 何红娟.'思政课程'到'课程思政'发展的内在逻辑及建构策略［J］.思想政治教育研究，2017（10）.

② 邱伟光.课程思政的价值意蕴与生成路径［J］.思想理论教育，2017（7）.

教师的外出培训进修、展示资源挖掘的教材编写、体现课程育人的项目实践等给予足够的经费保障外，高校的教学管理部门在常规管理中还要全面发挥课程标准的统领作用，有效推进教材编写、教学实施、教学评价等教学各环节的改革①，在所有专业课程体系的编制和实施、课程目标的制定和落实、课程教材的选择和组织以及课程评价的标准和运用等方面进行规范性制度安排，使其有效配合，相互促进。只有在顶层设计时加强配套措施的完善，才能真正形成一种有利于全面推进"课程思政"教学改革的良好局面。

3. 在考核评价上见真效，形成科学合理的激励机制

作为一种新的课程理念，"课程思政"把立德树人摆在首位作为教学评价的根本准则，要求所有教师在课程教学活动中，通过课程标准、教学大纲和教学过程等形式和途径，自觉贯彻党的教育方针，既当"经师"更做"人师"，实现教书与育人的有机结合。"课程思政"教学改革的推进，必然要求在教学评价过程中，既坚持学科标准也坚持思想政治标准。无论评价任何一门课程的教学质量，还是评价任何一名教师的教学工作，都要看是否将立德树人置于教育理念的首位，是否将正确的世界观、人生观与价值观渗透到了教学活动全过程。② 人事管理部门要加强师资队伍的培养建设，形成"教书育人"考核评价和激励机制，让"课程思政"教改成果成为影响教师绩效考核和职务评聘的重要指标，通过提高其在各项工作评价中的权重来激发广大教师对"课程思政"教学改革的关注与重视。

（六）出台高校"课程思政"教改项目的建设标准③

全面推进高校的"课程思政"教学改革，除了要在宏观上形成长期有效、运行良好的机制以外，还要在微观上注意项目管理中的落小落细落实，出台具体的建设标准，进行量化考核。笔者以教育部印发的《高等学校思想政治理论课建设标准》和《湖南省职业院校精品课程建设方案（试行）》为依据，结

---

① 教育部关于全面深化课程改革落实立德树人根本任务的意见［EB/OL］. http：//www. moe. gov. cn/srcsite/A26/s7054/201404/t20140408_ 167226. html.

② 中共中央国务院印发关于加强和改进新形势下高校思想政治工作的意见［N］. 人民日报，2017－02－28（1）.

③ 骆清. 高职院校"课程思政"运行机制与建设标准的实践探索［J］. 教育科学论坛，2020（06）.

合本校的改革试点，通过设立课程团队建设、课程内容设计、课程资源建设等8个一级指标，师资培训、课程标准、课程特色等10多个二级指标，草拟了一份《高校"课程思政"教学改革项目建设标准》如下表，希望能给高校制定相关标准起到一定的参考作用。

表6-3　高校"课程思政"教学改革项目建设标准

一级指标	二级指标	达标要求	计分标准	佐证材料	分值
1 课程团队（10分）	1-1 团队能力	课程团队的职称、学历、学缘、年龄等结构合理，有思政课专职教师参与。	其中专业技术职务高级达到30%以上，中级达到50%以上的记4分，然后酌情加减分。	学历学位及专业技术资格证书	5
	1-2 师资培训	课程负责人或主讲教师参加和教育教学相关培训至少要1人次以上，教学理念有所改变，教学能力得到提升。	达到要求的一次性记5分，否则记0分，时间从课程建设立项发文开始计算。	培训结业证书或其他证明材料	5
2 课程目标（10分）	2-1 课程标准	课程标准能够体现高职高专人才培养目标及定位，充分体现立德树人教育方针，在课程目标、内容等方面突出职业道德和其他思想政治教育元素。	达到要求的直接记5分，在此基础上根据课程标准的内容酌情加分；没完成的直接记0分。	课程标准	10
3 课程内容（10分）	3-1 教学设计	完成所有课程标准所列项目的教学设计；教学项目实施的基本流程清晰，时间安排合理，教学项目内容体现课程思政的理念。	完成所有项目的教学设计的记3分，然后根据设计的质量酌情加分；没完成的记0分。	教学设计方案	5
	3-2 内容整合	课程内容充分体现立德树人的要求，职业道德、安全规范等方面的内容得到充分反映；整合了思想政治教育和职业能力培养的要求。	挖掘提炼了思政元素的教学设计记3分，然后根据设计的质量酌情加分；没有反映的记0分。	教学设计方案	5

续表

一级指标	二级指标	达标要求	计分标准	佐证材料	分值
4 课程资源（25分）	4-1 教学课件	课件采用PPT格式,图文并茂,内含多种素材,每两课时一个课件;课件要求充分体现课程思政元素。	课件内容能反映课程思政教学设计思路的记3分,其他再根据课件质量酌情加分。	教学课件	5
	4-2 教材讲义	自编的教材教参符合课程标准要求、具有思想性、科学性和实用性,教材的内容充分体现课程育人的理念。	有自编教材或讲义的一次记4分,否则记0分,自编教材公开出版了的该项记满分。	自编教材或讲义	5
	4-3 微课	每门课程微课数量不少于3个,每个微课时间在10分钟以内,大小在200MB以内;视频播放流畅,画质清晰,要素齐全。	完成任务的一次记4分,另根据微课视频质量酌情加分;没完成的记0分。	微课视频	5
	4-4 教学录像	每门课程至少要求1个教学录像,教学录像时间控制在45分钟左右,大小500MB以内;视频内容符合课程思政教学设计,体现出新的教学理念。	按要求完成任务的一次记4分,另根据视频质量酌情加分;没完成或不符要求的直接记0分。	教学录像	5
	4-5 教学案例	每门课程至少要有3个案例,教学案例的选择要典型,体现课程特色与思政元素,每个案例要有问题以及解析。	完成3个记4分,另外根据案例的质量酌情给分;没完成3个的记0分。	教学案例	5
5 教学方法（10分）	5-1 方法创新	根据课程特点,灵活运用案例教学、讨论式教学等教学方法。	能充分运用现代教育技术进行教学的记5分,另外根据案例的质量酌情给分;无方法创新的记0分。	教学录像或其他证明材料	10

续表

一级指标	二级指标	达标要求	计分标准	佐证材料	分值
6 课程研究（10分）	6-1 集体备课	课程团队集体备课开展教学研究至少要3次以上，教学理念有所改变，教学能力得到提升。	达到要求的记5分，否则记0分，时间从课程建设立项发文开始计算。	活动记录或其他证明材料	5
	6-2 科研成果	课程负责人或主讲教师公开发表有关课程建设、课程改革方面论文至少1篇。	完成任务的一次记5分，否则记0分，时间从课程建设立项发文开始计算。	发表的论文	5
7 课程考核（10分）	7-1 考核标准	建立了体现价值引领与知识传授相结合的课程考核标准。	有完整的课程考核办法的记3分，另外根据质量酌情给分；没完成的记0分。	课程考核办法	5
	7-2 考核内容	本课程已积累和保存相当数量试卷和习题，题库建设情况良好，每个项目都有课后习题集，课程结束后，每门课程至少有2套综合性试卷以及相应的参考答案。	完成2套试卷的一次记3分，重复率超过30%的一次扣2分；有完整题库的可酌情加分。	习题和试卷（含参考答案）	5
8 课程效果（15分）	8-1 学生评价	课堂教学效果良好，学生能够普遍接受教师的教学理念及方法，教学质量得到提升，学生总体评价良好（80分及以上）。	学生评价的最后得分乘以5%。	学生评价结果	5
	8-2 课程特色	开展课程思政教学改革与创新，并取得显著成果，其经验在全省或全院得到一定推广。课程团队成员在课程建设期间获得过与该课程相关的奖励、荣誉。	所获报道、奖励、或荣誉，国家级记10分，省级记8分，院级记5分，获奖或项目立项时间从课程建设立项发文开始计算，累积计分最高为10分。	相关媒体报道，获奖证书	10

备注:验收结果分为三个等级:优秀(≥90)、合格(≥65)、不合格(<65)。

二、以生态体验为重点的特色方法系列

作为一种特定环境下的实践教育，体验式教育则是通过受教育者感受所处的环境，产生相关联的情感反应，在认识上、情感上、思想上逐步形成深刻的体验，从而达到特定的教育目的的一种有效教育方式。① 体验式教育模式在国外的环境教育中已经得到广泛的运用，美国科罗拉多州丹佛市的巴拉瑞特野外教育中心是美国重要的野外观察基地。该中心按照确定的完备的教育计划，配备了专门的指导员，对从幼儿园到高中的各阶段学生进行野外观察指导。学生们通过野外观察，可以更直观准确地了解动物形态和部分习性，加深对生物链等概念的理解。体验式教育可以很好地把生态文明理论转化为人们的社会实践，有利于在实践中增长教育对象的生态知识、培养他们的生态情感、提高他们的生态责任感。

我国在开展生态文明教育时也应当注意灌输式教育与体验式教育的融合。让教育对象通过参与社会实践，进一步体验到生态危机的严重性，进一步认识到改变生态现状的紧迫性，从而培养生态情感，增强生态意识，自觉养成符合生态文明的行为习惯。"生态旅游"（ECO – TOURIST）这一术语，最早由世界自然保护联盟（IUCN）特别顾问 Ceballos – Lascuráin 于 1983 年首先提出。在短短不到 20 年的时间里，生态旅游业以前所未有的速度迅速发展壮大，并掀起了一股全球性的"生态旅游"热潮。据加拿大野生生物局统计，早在1990 年全球生态旅游业产值就已达 2000 亿美元，并且每年还以 10%—30% 的增长率在迅速发展，生态旅游在整个旅游业中独树一帜，集中反映了国际旅游业发展的趋势。生态旅游研学活动是增强大学生生态体验的一种有效方法，它是以自然环境为依托，以生态保护为核心，让大学生接近大自然、了解大自然，获得更多大自然信息，追求人与自然的和谐，体现了可持续发展思想的高层次的研旅活动。世界各地特别是欧美国家对于自然保护区的旅游开发早已开始，我国也不甘落后。截至 1997 年底，我国共建立了 926 个自然保护区，其中不少自然保护区开办了生态旅游，约 30% 的年接待人次超过 10 万。高校如何充分利用这些资源开展生态文明教育是大有可为的，尤其是在思政实践教学

---

① 徐莹. 生态道德教育实现方法研究［D］. 山东师范大学，2013.

中如何把大学生生态文明教育与他们的专业实训融合起来值得进行更多的探索。

　　实践教学作为高校思想政治理论课教学的有机组成部分，是课堂教学的延伸拓展。① 但是长期以来，受师资、场地、经费、设施等软硬件的制约，高校思想政治理论课实践教学存在着有"教学"而少"实践"或者有"实践"而少"教学"的困境。② 大学生理论基础较为薄弱但动手能力比较强，如何在课程思政全面展开的背景下，创新实践教学模式，加强思想政治理论课与专业课程尤其是实训课程的融合，用社会实践和感知体验来增强学生对思想政治理论的认同，是深化新时代高校思想政治理论课教学改革的有益探索。③

（一）　思政实践与课程实训融合理念的构建

　　实践教学是高校思想政治理论课教学的重要组成部分，是对理论教学的"实践性"印证或体现④，对于促进理论知识的内化以及知行的转化有着重要的意义。众所周知，思想政治理论课教学的最终目标是引导学生走向实际。⑤ 然而在实际的教学过程中，由于缺乏系统的教学目标、内容、方式以及评价策略的综合设计，思政实践教学往往流于形式，没有取得应有的成效。⑥ 首先，课外实践基地的缺少与实践基地实际容纳量的不足，导致开展校外实践受地域空间限制。其次，校外实践教学活动的组织开展需要大量经费投入与人力支持，但大多数高校由于无法保证经费和指导教师的配备，导致普遍参与性差。另外，部分实践教学基地存在着只"挂牌"而不"建设"、学生只有"代表"

---

① 教育部关于印发《新时代高校思想政治理论课教学工作基本要求》的通知［EB/OL］. http：//www. gov. cn/xinwen/2018 – 04/26/content_ 5286036. htm.

② 董杰. 高校思想政治理论课嵌入式实践教学的路径选择［J］. 学校党建与思想教育，2020（17）.

③ 骆清，贺娟. 高职院校课程实训与思政实践的融合探索——以茶艺与茶叶营销专业为例［J］. 福建轻纺，2021（4）.

④ 汤俪瑾. 思想政治理论课实践教学的基本原则和具体环节［J］. 思想理论教育导刊，2014（1）.

⑤ 何益忠，周嘉楠. 思政课实践教学：概念辨析与体系创新［J］. 中国高等教育，2020（06）.

⑥ 李晓梅，王鹤岩，刘阳. 基于情境学习理论的高校思想政治理论课实践教学设计［J］. 思想政治教育研究，2014（04）.

而无"全体"参与的现象，很难真正担负起实践教学功能，作用发挥不甚明显。除此以外，当下思想政治理论课实践教学流于形式抑或收效不明显，还有一个重要原因在于脱离了学生的"专业生活场"。其实思想政治理论课实践教学与专业课实践教学（在高校一般称为专业课程实训）两者是相辅相成的。在社会主义高校，强调各专业课程突出课程思政的特色，利用各专业的实训活动为思政实践教学提供鲜活的资源，实现思政实践与课程实训的有机融合，是提升思政实践教学效果的有效途径。

（二）思政实践与课程实训的融合案例

根据思政实践与课程实训相融合的理念，笔者设计了一个大学生生态文明教育思政实践教学实施方案。

1. 教学设计整体思路

活动主题：发挥专业优势 建设生态文明

实践专业：茶艺与茶叶营销

实践地点：湖南长沙县金井茶厂

实践时间：清明节前后某一天

设计思路：加强生态文明建设是全面建设社会主义现代化国家的重大历史任务，新时代大学生承担着生态文明建设的重要使命。本次实践活动设计契合茶艺与茶叶营销专业人才培养目标，以教材"五位一体"总体布局的知识内容为依托，融合专业实训课程，由思政课教师、专业教师共同带领茶艺与茶叶营销班学生，围绕生态文明建设这个热点难点，充分运用湖南地域茶叶特色资源，进行思政实践教学。

2. 思政实践教学目标

（1）知识目标：让学生通过本次课外实践活动，深化理解"五位一体"总体布局理论知识，深刻领会习近平劳动思想，深入探索生态文明建设的重大决策。

（2）能力目标：促使学生通过本次课外实践活动，运用所学专业技术技能，积极投身生态文明建设实践。

（3）情感目标：激发学生通过本次课外实践活动，树立正确的劳动观念，在劳动中感受美、体验乐趣、产生幸福感、满足感和成就感，在服务生态文明建设中实现青春梦想、实现人生价值。

3. 教学对象学情分析

湖南商务职业技术学院是湖南省第一个开设茶艺与茶叶营销专业的高校。该专业在湖南长沙县金井茶厂、益阳茶厂等企业建立了实训基地，广泛开展专业实训教学活动。学院已单独开设"思政实践"课程，16学时，1学分。思政实践课程作为我院大学生的必修课，有计划、有学分、有教材，在立德树人方面发挥了不可替代的作用。在课程团队不断的教学改革探索中，越来越受到学校的重视，也越来越得到学生的喜爱。教学对象学情分析见图9-1。

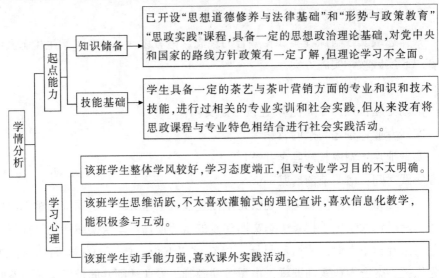

图9-1 茶艺与茶叶营销专业思政实践教学学情分析图

4. 教学方案实施过程

本次思政实践教学活动整个过程包括前期准备、实施过程、后期工作三个阶段①，体现了思政实践教学与专业课程实训的有机融合。

（1）前期准备阶段：教师指导学生做好知识储备、问卷调查、才艺训练、微宣讲讲课等工作。

（2）实施过程阶段：由两位思政教师、一名专业教师共同带领19级茶艺与茶叶营销班学生，深入湖南长沙县茶乡进行实地考察调研，分五个环节展开

---

① 陈钢．孔庆茵．吴涯．高校思想政治理论课实践教学实用教程［M］．北京：高等教育出版社，2016：1-3.

实践活动。

（3）后期工作阶段：指导学生撰写实践总结报告，由践行者协会在微信公众号对本次实践教学活动进行宣传报道。

具体安排见表6-4。

表6-4 《发挥专业优势 建设生态文明》思政实践教学工作流程表

前期准备	1. 复习巩固"五位一体"总体布局知识，自主学习习近平劳动思想，了解国家关于生态文明建设的政策，并在"学习通"课程平台进行在线测试，为实践活动做好理论知识储备。 2. 对学生是否愿意投身生态文明建设做问卷调查，实践活动结束后，再重新进行问卷调查，比较数据结果，使实践效果更具有可测性。 3. 参观茶叶博物馆，系统深入了解和学习茶文化知识，并在"学习通"课程平台进行在线测试，为实践活动打好专业知识基础。 4. 在茶艺室排练、练习茶艺，为实践活动进行茶艺表演做好准备。 5. 以小组为单位，制作茶文化相关知识PPT，选派代表进行讲解，评出优秀讲解小组，做好"茶文化进课堂"，送茶文化下乡的微宣讲准备。			
实施过程	实施过程	实践形式	实践内容	实践成果
	1. 观茶乡之变，感生态之美	实地参观、现场教学	上午8点钟左右，在金井茶厂负责人带领下参观茶叶种植基地，听取公司茶叶专家进行现场教学，讲解茶史、茶叶种植、茶乡的发展变化等知识。通过"学习通"课程平台，每位学生围绕"绿色生态乡村"为主题，撰写一篇观后感，由教师进行评分。让学生感受到新中国成立70周年来茶乡的变化，感受乡村绿色生态之美，领会生态文明建设的重要意义。	"绿色生态乡村"观后感。
	2. 体采茶之苦，享劳动之乐	采茶实践、劳动竞赛	上午9点左右，由茶叶专业技术人员带领和现场教授，在茶叶种植基地进行采茶实践，并分小组展开劳动竞赛，遵守劳动纪律，加强安全操作意识，在规定时间内采摘茶叶，以茶叶的数量和质量为标准，由茶叶专业技术人员进行现场评分，让学生充分体验劳动过程的艰辛，以及劳动后产生的成就感、满足感和幸福感，深刻体会习近平劳动思想中"劳动创造幸福"、"幸福都是奋斗出来的"观点。	手工采茶，在规定时间内采摘茶叶。

续表

实施过程	实践形式	实践内容	实践成果
3. 察制茶之细，感工艺之精	制茶实践、交流学习	上午 11 点左右，在金井茶厂现场观看机器制茶的工序，了解红茶、黑茶、绿茶等的制作流程，并将采摘的茶叶进行手工制茶操作，体会制茶过程中的精湛技术，弘扬工匠精神。随后听取公司负责人员讲解茶叶的生产和销售情况，围绕"怎样利用茶产业振兴乡村"，现场通过"学习通"课程平台，开展线上交流讨论。每个学生围绕制茶过程中的工匠精神撰写小论文一篇，由教师评分。	"怎样利用茶产业振兴乡村"主题发言、弘扬"工匠精神"的小论文。
4. 展茶艺之美，守文化之魂	茶艺表演、茶文化微宣讲	下午 1 点左右，以小组为单位，为长沙县村民进行茶艺表演，并在中学开展"茶文化进课堂"的微宣讲，选派学生组成评价考核小组，现场进行评分。通过茶艺展示、茶文化宣讲，传播中华民族的悠久文明和礼仪，倡导绿色健康生活方式，走中国特色乡村茶文化振兴之路。	茶艺表演、"茶文化进课堂"微宣讲。
5. 访茶农之事，解乡村之忧	访谈调研	下午 4 点左右，走访长沙县茶农，开展"走茶叶振兴乡村之路"的调查研究，以小组为单位，制作调查问卷，向茶农发放问卷，回收问卷，进行问卷分析，撰写总结报告，将结果上传至"学习通"课程平台，由教师进行评分。通过此次调研了解茶农的种植状况、经营模式、收入情况等，分析生态文明建设中存在的问题，探寻生态文明建设的途径，为乡村的全面振兴贡献智慧和力量。	"走茶叶振兴乡村之路"的调查研究报告。
后期工作		1. 实践活动结束后，回到学校，以小组为单位，围绕《发挥专业优势建设生态文明》主题，撰写实践总结报告，制作成 PPT 作品，选派代表，在思政实践教学中心进行讲解。 2. 本次实践活动由践行者协会在微信公众号进行传播报道。	

5. 教学效果考核评价

对本次思政实践教学活动效果进行评价，遵循科学、合理、全面、有效的考核原则，采用线上和线下混合式考核模式，体现过程考核和结果考核相结合，实现理论考核与实践考核相统一。

（1）评价方式多样化：通过在学习通平台进行知识测试、提交观后感、小论文，由教师批阅，开展线上考核，另外线下进行实践活动现场考核，构建线上和线下相结合的混合式考核模式。

（2）评价主体多元化：思政教师、专业教师、茶叶专业技术人员、学生都参与到评价考核中，实现评价主体多元化。

（3）评价结果全面化：实行实践活动前、实践活动中、实践活动后"三位一体"的考核模式，实现过程考核与结果考核的统一。具体内容见表6-5。

表6-5　《发挥专业优势 建设生态文明》思政实践教学考核评价表

班级：　　　　　　　学号：　　　　　　　姓名：

考核过程	考核项目	考核内容	分值	得分	考核主体	权重
实践活动前考核	思政理论知识考核（30分）	1. "五位一体"总体布局知识在线测试	10		思政教师	实践活动前总成绩×20%
		2. 习近平劳动思想知识在线测试	10			
		3. 生态文明建设知识在线测试	10			
	问卷调查（10分）	1. 对是否愿意投身生态文明建设填写问卷	10			
	茶文化知识考核（20分）	1. 茶文化知识在线测试	20		专业教师	
	茶艺排练及展示（20分）	1. 茶艺设计	10			
		2. 茶艺练习展示	10			
	茶文化PPT制作讲解（20分）	1. 制作茶文化PPT作品	10			
		2. 讲解茶文化PPT作品	10			

考核过程	考核项目	考核内容		分值	得分	考核主体	权重
实践活动中考核	实地参观、现场教学（20分）	观后感评分标准（20分）	1. 标题是否恰当	5		思政教师	实践活动中总成绩×60%
			2. 结构是否清晰	5			
			3. 逻辑是否合理	5			
			4. 内容是否充实	5			
	采茶实践、劳动竞赛（20分）	劳动竞赛评分标准（20分）	1. 劳动数量	5		茶叶专业技术人员	
			2. 劳动质量	5			
			3. 遵守劳动纪律	5			
			4、安全操作	5			
	制茶实践、交流学习（20分）	1. 现场发言		10		指导教师	
		2. 撰写小论文		10			
	茶艺展示、微宣讲（20分）	1. 茶艺表演		10		学生	
		2. 茶文化微宣讲		10			
	访谈调研（20分）	1. 制作调查问卷		5		思政教师	
		2. 分析统计数据		5			
		3. 撰写调查报告		10			
实践活动后考核	实践总结（60分）	1. 实践总结报告		20		思政教师	实践总结成绩×20%
		2. 制作PPT作品		20			
		3. 讲解PPT作品		20			
	思政理论知识考核（30分）	1. "五位一体"总体布局知识再次在线测试		10			
		2. 习近平劳动思想知识再次在线测试		10			
		3. 生态文明建设知识再次在线测试		10			
	问卷调查（10分）	1. 对是否愿意投身生态文明建设再填写问卷		10			
得分总计							

（三）思政实践与课程实训教学融合的反思

思政实践教学作为提高思想政治理论课教学实效性的有效方式，应该作为新时代高校落实立德树人根本任务加强教学改革的重中之重。思政实践教学活动结束后，教师及时进行了全面分析总结，总结实践活动实施成功的经验，发现实践活动中存在的问题和不足，提出一些改进措施。

1. 主要经验总结

本次思政实践教学活动以习近平新时代中国特色社会主义思想为指导，根据马克思主义实践观，按照立德树人的根本任务，坚持以学生为中心的教育理念，体现学生的主体性和教师的主导性，使学生在主动参与中有强烈的获得感。实施方案设计科学严谨、完整有序，活动流程清晰明确，活动方式丰富多样，活动效果明显，主要经验有：

（1）打通了"思政课程"与"课程思政"，构建起"大思政"育人格局。"课程思政"教育教学改革作为推进高校思想政治工作的有力措施，其思想内核就是要发挥各类课程在高校思政工作中的有效作用。[①] 本次实践活动设计理念先进，立意新颖，实现了"三结合"：思政教师与专业教师的优化组合；思政实践与专业实训有机融合；思政实践教学目标与学校办学宗旨、专业人才培养目标、企业社会所需人才有效契合，打通"思政课程"与"课程思政"，构建"大思政"育人格局。

（2）充分挖掘育人资源，打造了立体化思政实践平台。本次实践活动立足我院思政实践教学中心，借助校企合作基地，充分发挥湖南地域茶叶资源优势，有效运用学习通网络教学载体，共同搭建思政教学与专业实训有机融合的实践平台，构建线上线下、课内课外、校内校外互联互通的育人体系。

（3）实施全方位考核，构建了"三位一体"考核评价模式。本次实践活动遵循科学、合理、全面、有效的考核原则，实行实践活动前、实践活动中、实践活动后"三位一体"的考核评价模式，实现评价方式多样化、评价主体多元化、评价结果全面化，实现理论考核与实践考核、线上考核和线下考核、过程考核与结果考核的统一。

2. 面临困境与解决对策

所有教学改革的探索都不是一帆风顺的，要在高校广泛实现思政实践与课程实训的有机融合，主要面临以下一些问题：一是可操作性方面。外出实践活动点多面广，教师带队工作任务繁重。如实践活动实施过程中学生人数多，时间安排紧凑，活动项目多，怎样保证顺利有序开展。二是可推广性方面。本次

---

① 骆清. 高校"课程思政"运行机制与建设标准的实践探索［J］. 教育科学论坛，2020（06）.

思政实践活动是以茶艺与茶叶营销专业为例，如果要在其他专业进行推广普及，需要进一步探索实施，增加教师工作难度。

要有效解决这些困境，必须采取一些行之有效的应对之策。就现阶段而言，一方面，教学管理部门需要指导开展思政实践教学的教师制订详细的活动规划，做好各项工作的衔接，加强意外事件安全防范措施，对学生做好相关教育工作。另一方面，学校层面需要建立长效机制，构建思政实践教学与专业实训的有机融合模式，并在全校进行推广应用。学校需要加强顶层设计，建立健全有效的运行机制、激励机制、保障机制、评价机制等，需要马克思主义学院和其他学院相互配合，共同落实。

三、以混合式教学为模式的新方法探索

"形势与政策"课是高校思想政治理论课的重要组成部分，是对大学生进行形势与政策教育的主渠道、主阵地。[①] 如何贯彻习近平总书记提出的"因事而化、因时而进、因势而新"理念[②]，搞好"形势与政策"课程教学改革是一个值得不断探究的课题。2018 年 4 月教育部专门印发了《关于加强新时代高校"形势与政策"课建设的若干意见》（以下简称《若干意见》），就如何全面提升"形势与政策"课的教学实效性提出了具体要求。根据教育部这个重要文件，湖南商务职业技术学院结合实际认真抓好落实，课程教学团队积极探索运用信息技术进行教学改革，尤其是从 2018 年上学期开始，借助北京世纪超星信息技术公司搭建的学银在线平台，通过选择部分班级进行 SPOC 教学改革探索，将在线课程与课堂教学相结合，在很多方面取得了可喜成绩。该课程 SPOC 教学改革已连续运行了 4 个教学周期，因为平台运行安全稳定畅通，课程在线教学支持服务高效，在学习者中共享范围广，应用效果好，总访问量已近 200 万次，共有 22 个专业 150 多个班级 7550 余人上线学习，被评为湖南省

---

① 教育部关于加强新时代高校"形势与政策"课建设的若干意见 [EB/OL]. http: //www. moe. gov. cn/srcsite/A13/moe_ 772/201804/t20180424_ 334097. html.

② 习近平在全国高校思想政治工作会议上强调：把思想政治工作贯穿教育教学全过程开创我国高等教育事业发展新局面 [N]. 人民日报，2016 - 12 - 09（1）.

2019 年省级精品在线开放课程建设项目。①

（一）构建"线上 SPOC + 线下课堂"的混合式教学模式

针对"形势与政策"课教学具有学生覆盖广、分段课时少、学习周期长，以及专任教师缺、内容更新快和学科支撑弱等特殊性，课程团队积极构建了"线上 SPOC + 线下课堂"的混合式教学模式。SPOC（Small Private Online Courses 小规模限制性在线课程），又叫私播课，是区别于 MOOC 的一种教学模式。SPOC 混合式教学模式使学生先通过线上学习了解知识的重点和难点，自主地提前补充知识以提高对课程的认知程度，对不容易理解的知识可以反复观看，当有问题的时候也能够及时通过平台向教师提问或与其他同学展开讨论，课后还可以在线上展开更高层次的学习，使教师把教学扩展到了线上，弥补了以往传统教学情境主要集中在课堂的弊端。

"形势与政策"在线课程着力构建课内课外互联互通、线上线下多措并举的学习方式，借助手机"学习通"APP，在课程标准、授课计划、教案文档、教学课件、其他资源、讨论答疑、单元作业、课程考核等方面不断推进信息技术化改革。课堂教学以建制班为单位，以问题为导向，启发式串讲重点，指导学生将知识体系脉络化，并运用 APP 掌控，连接实体课堂与 SPOC 平台。除了充分发挥课堂教学的主渠道作用外，要求学生在课前自学教学视频和 PPT 课件，结合课后的拓展阅读和师生互动来加强学生的获得感。课外给学生设置好网上学习任务点，并建立教师网上值班答疑制和作业完成时间自动提醒机制，包括教师发布公告、学生教学助理定期提醒等。这种混合式的教学模式，既保留了传统课堂的精髓，又结合了线上教学的优势，并通过网络交互平台在教师与学生之间架起了一座紧密联系的桥梁②，为提升课程教学效果、培养学生正确的形势观与政策观提供了良好的途径。

因为课程教学设计真正实践了"以学习者为中心"的教学理念，以整合资源、共建共享、应用驱动为原则构建了教与学的新型关系，而且课程内容更

---

① 骆清．基于 SPOC 的高校"形势与政策"课教学改革探究［J］．教书育人（高教论坛），2020（21）.

② 周巧娟．基于 SPOC 的微积分混合式教学模式探索［J］．长春大学学报，2019（12）.

新和完善及时，使学习者在线学习响应度高，师生互动充分，深受学生喜爱。SPOC 课程平台会完整地记录学生在线学习过程中产生的所有数据，包括平均学习进度、各知识点学习情况、课程访问量及其变化趋势统计、成绩排名等。基于这些大数据，教师和学生都可以通过平台对学习流程进行监控和管理。课程团队不断优化线上服务，不仅提供丰富的教学视频、专题化的教学大纲、美观的自学 PPT 等，还安排学生助教贴心答疑解惑，为广大学生提供及时优质的服务。与传统"形势与政策"课教学相比，"线上 SPOC + 线下课堂"的混合式教学模式教学效果更好、教学评价更高。

（二）打造"专题模块 + 校本特色"的教学内容体系

"形势与政策"课与其他思想政治理论课相比，对理论讲解的时效性、释疑解惑的针对性和教育引导的综合性都具有很高的要求，因此在教学内容方面有突出的特点。根据《若干意见》的要求，"形势与政策"课教学安排应贯穿于大学生整个大学学习生涯的始终，"在校学习期间开课不断线"且"每学期不低于 8 学时"。每学期的教学内容都会依据教育部办公厅印发的《高校"形势与政策"课教学要点》进行即时资源更新，围绕全面从严治党、国内经济社会发展、涉港澳台事务、国际形势政策四大专题进行展开，具有很大的变动性。根据课程特征和地方特色，课程团队精心打造了"专题模块 + 校本特色"的教学内容体系。

完善课程资源是搞好在线课程建设的重要基础，"形势与政策"在线课程每学期根据四大专题的最新发展动态和学习者需求变化，围绕专题化教学模块的内在逻辑系统，按照碎片化的组成方式重构资源体系，录制清晰表达知识框架的系列微课程群，及时更新网络教学资源。课程团队利用"高校思想政治理论课高精尖创新中心"等网络集体备课平台，共建共享"形势与政策"课教学优质资源，既有教学类资源又有拓展类资源，充分保证课程资源的冗余。在形式上，"形势与政策"在线课程界面布局美观、色彩明亮、导航清晰、构图合理，每个专题都由课前预览、课堂学习、课后巩固、专题测试、拓展资料这五大板块组成，很好地满足了大学生的审美需要和浏览习惯。

除此以外，"形势与政策"在线课程还开设了《美丽新湖南——生态文明教育》专题选学内容，作为我们的校本特色教学内容。因为地方高校在学科发展、专业设置和人才培养上主要为地方经济社会发展服务，了解地方特色文化是地方高校大学生必不可少的综合素养。加之"形势与政策"课与其他思想政治理论课在内容形式、时间安排、教材使用等方面有较大的不同,所以必须结合学校特色、地方特点等进行特色化教学①,不断增强地方高校"形势与政策"课的思想性、理论性和亲和力、针对性。② 课程教学团队紧紧围绕湖南生态文明建设的远景规划和可喜成果编写出版了校本教材《大学生生态文明教育论》,并开设了公共选修课"生态文明教育",精心打造了五大专题:指导思想——习近平生态文明思想,世纪难题——生态环境典型案例,砥砺前行——生态文明建设成果,生态素养——生态文明教育的目标与内容,知行合一——生态文明教育的方法与途径,在线下课堂和线上 SPOC 同步推进,成了学院最抢手的"网红"课。

(三)探索"平台计分+教师考核"的教学评价方法

在课程改革过程中,教学评价具有重要的导向作用。一方面由于教学内容变化较快,另一方面由于必修的学生众多导致的每学期阅卷、统计分数、上传成绩工作量大,高校"形势与政策"课在一段时期内评价较为宽松,对学生的评价主要以作业批阅、课堂点名、开卷考试或提交课程小论文等方式进行,没有建立起规范有效的考核办法。③ 借助学习平台的数据功能,课程团队探索了"平台计分+教师考核"的教学评价方法。

SPOC 教学平台的自动评分功能使教师从重复性的简单活动中解放出来,大大减轻了教师的负担。"形势与政策"课充分利用学银在线平台强大的数据功能,建立了一个"6 维度考核体系":1. 考核内容全面性,体现知识、能力、素质的三位一体;2. 考核方式多样性,体现理论与实践相统一;3. 考核模式系统性,实现线上和线下混合式考核;4. 考核主体多元性,实现教师、学生、第三方评价相结合;5. 考核方案可操作性,做到权重设置合理,平台自

① 黄洪雷.地方高校"形势与政策"课特色化教学研究[J].思想理论教育导刊,2018(1).

② 习近平主持召开学校思想政治理论课教师座谈会强调:用新时代中国特色社会主义思想铸魂育人 贯彻党的教育方针落实立德树人根本任务[N].人民日报,2019-03-19(1).

③ 黄立清.高校"形势与政策"课教学质量提升的思考[J].思想政治工作研究,2019(10).

动实时统计；6. 考核结果科学性，做到动态过程考核和静态结果考核相结合。学生每学期最终的课程成绩由"线上（90%）＋线下（10%）"两部分组成，具体细化如下：

表6-6 《形势与政策》精品课程成绩考核表

序号	考核项目		计算方式	成绩权重
1	线上（90%）	线上作业	所有作业的平均分	8
2		网上课堂互动	参与在线投票、问卷、抢答、选人、评分等获相应分数，积分满2分为满分	4
3		在线签到	按次数累计，全勤为满分	8
4		课程视频	完成线上课程学习任务点	16
5		线上讨论	参与2次以上为满分	4
6		平台考试	完成线上测试成绩	50
7	线下（10%）		线下课堂内外其他表现加分	10
	合计			100

　　线上学习成绩由教学平台客观生成，主要基于线上作业、课堂出勤、各知识点视频观看完成情况、线上讨论发言情况、期末线上测试情况等综合而成。由教师自主设定各部分考核权重，由教学平台自动实时统计；线下成绩由授课教师主观考核，包括课堂表现及发言等。这种基于形成性的评价，使得学生成绩可以随着学习的不断推进而适时变化和更新，对学生来说更加的公平和公正，能够多途径激发学生的自我内驱力。因为可以随时查看和掌握学习状态和成绩，学习者在线学习响应度高，师生互动充分。这种教学评价方法，改变了以往传统教学一张试卷定成绩的情况，促进了学生在平时学习过程中自主学习，提升了"形势与政策"课的教学实效性。

第十章　大学生生态文明教育的途径拓展

如果把教育方法比作交通工具的话，教育途径就是交通道路。大学生生态文明教育要想取得实效，必须拓展其有效的教育途径。除了课堂主渠道这一显性途径的有效继承外，还需要加强社会化、网络化等隐性途径的创新，通过协同整合和环境优化，来增强大学生生态文明教育的实效。

一、显性途径的有效继承

显性途径，就是指大学生生态文明教育实现途径是"外显性"的，其教育目的、教育过程、所采取的教育手段和措施是带有鲜明的大学生生态文明教育指向的，不是"潜隐性"和"启发性"的。① 它往往表现为正规的教育形式，是教育实践中通用的、有形的一般途径，它承担着正规化的大学生生态文明教育任务，要求教育主体利用公开的场合和方式，公开表达大学生生态文明教育的主张和要求，直接强烈地对受教者施加影响。显性教育途径具有鲜明的价值观念和实践行为的导向功能，能够制造出声势强大、氛围热烈的大学生生态文明教育情势。

（一）集中宣教式途径

学校是教育者教书育人的场所，也是学生获得知识技能、培养情感、形成价值观以及塑造品德和养成习惯的重要场所。大学生生态文明教育集中宣教式途径，是指以大学生生态文明教育为课程内容，通过直接地、面对面地向学生灌输生态科学知识、传授大学生生态文明教育内容，提高学生的生态文明素养。课堂宣教的优势在于能够严格按照预定课程目标，通过有力地课堂组织保障，有效地排除各种干扰、控制教育发展过程，减少偏差，使学生达到预定的

---

① 徐莹. 生态道德教育实现方法研究 ［D］. 山东师范大学，2013.

生态道德要求。

在操作层面上，应注意以下几点：一是要设置专业课程进行系统的大学生生态文明教育，根据不同学生年龄阶段、知识结构、接受能力等方面的差异，制定明确的教学任务、教学目标和具体教案，确保课堂教育的针对性和实效性。二是要注意大学生生态文明教育课程设置的全面性。三是有目的地加大学校生态教育师资力量的培养力度。在课堂宣教中，学校生态教育教师无疑是生态教育的直接策划者和实施者，在课堂生态教育过程中处于主体性地位。因此，学校生态文明教育教师的数量和质量直接关系到大学生生态文明教育实现的效果。

（二）强化推动式途径

这种途径，主要是以各级政府、有关行政部门或社会组织等为施教主体，通过其拥有的公权力和社会影响力，有计划、有针对性地组织有关大学生生态文明教育为主题的培训班、座谈会、交流会以及与政府合作创建生态城市、生态社区等活动，出版普及生态知识、环境保护或大学生生态文明教育等方面的著作或教材，强化对相关生态理论的灌输和教化，提升大学生对生态文明的认知程度。

这种教育途径往往是依靠或借助政府的公权力和社会组织、社会团体的支持来开展，教育的内容一般侧重于理论知识的传播和环境保护的倡导。主要形式有：一是组织培训研讨活动。通过培训研讨、交流讨论，传播生态伦理知识，探讨解决生态危机的措施途径，形成相互认同的会议宣言，在全社会倡导生态伦理理念和生态保护的实际行动。二是以生态空域的创建为载体开展大学生生态文明教育。各级政府通过争创生态城市、生态社区、生态风景区或旅游区等主题活动，向大学生宣传以"人与自然和谐发展"为基础的生态文明建设的必要性，通过会议精神学习、新闻媒体宣传等形式加强生态知识的普及教育。三是有针对性出版相关著作，强化生态文明教育。

（三）外部激励式途径

这种途径确立的理论依据是社会道德调控中社会赏罚的相关理论。社会赏罚和社会评价是社会道德调控的主要操作方式。所谓社会赏罚，就是社会组织根据其价值标准和一定的组织形式对其成员履行社会义务的不同表现及其行为后果，以物化、量化的形式所施行的报偿，包括对行为优良者给以物质或精神的奖励，对行为不良者给以物质或精神的制裁。① 就社会赏罚对个人行为的约束管理来看，具有权威性、规范性、针对性和强制性的特点，这种赏罚蕴含着一定的道德价值选择和价值取向的提倡和宣示，能造成一定扬善惩恶的道德氛围，从而对个体道德的发生发展和个体道德人格的塑造具有重要的影响作用。

大学生生态文明教育的外部激励式途径，是指具有生态保护责任的行政机关或社会组织，对社会个体的生态道德行为进行优劣、善恶的评价，从而对"善"行褒奖、对"恶"行惩罚，引导社会个体养成良好的生态道德品质和生态道德行为。生态道德评价的依据包括生态环境保护、绿色生产、消费、发展等方面的道德要求，其评价赏罚的方式有物质利益赏罚、舆论赏罚以及行政性赏罚等。这种赏罚对于促进社会个体履行生态道德义务，追求生态道德目标，提供了较大的内在驱动力、外在压力和道德目标的吸引力。

二、隐性途径的不断创新

习近平曾经打了一个譬喻："好的思想政治教育应该像盐，对每个人来说，盐很重要，但也不能光吃盐，最好的方式是将盐溶解到各种食物中自然而然地吸收。"这一论断是思想政治教育中隐性教育理论的最生动的比喻，也为大学生生态文明教育中隐性途径的创新的运用指明了方向。隐性教育法是相对于显性教育法而言的，它是利用人们社会实践，使人们在不知不觉中接受教育的方法。② 一般来说，隐性教育是学校为了实现教育目标，以不明确的、内隐的方式使教育对象获得教育内容和因素的总和。③ 隐性教育法指思想政治教育受教育者在无意识和不自觉的情况下，受到一定感染体或环境影响、感化而接受教育的方法。隐性教育法借助研究和开发隐性课程，通过感染的方式，在潜移默化中起教育作用。感染教育按不同的活动方式和感染内容划分，可以分为形象感染、艺术感染和群体感染等。④

---

① 唐凯麟. 伦理学［M］. 北京：高等教育出版社，2001：203.
② 罗洪铁 董娅. 思想政治教育原理与方法—基础理论研究［M］. 北京：人民出版社，2005：441.
③ 顾明远. 教育大辞典［M］. 上海：上海教育出版社 1990：275.
④ 郑永廷. 思想政治教育方法论［M］. 北京：高等教育出版社，1999：152－154.

在大学生生态文明教育中，尤其应注意创新思想教育的社会化、网络化、生活化等隐性途径。

（一）大学生生态文明教育的社会化途径

社会化是大学生思想政治教育的重要趋势。[①] 大学生思想政治教育社会化趋势主要体现为大学生思想政治教育日益走向开放、走向社会、走向实践，思想政治教育的社会化程度不断提高，思想政治教育的社会合力不断增强。

马克思指出："人的本质不是单个人所固有的抽象物，在其现实性上，它是一切社会关系的总和。"[②] 人的社会化，就是认识、选择和体现一定现实社会关系的根本要求，把一定的社会规范进行内化，形成人的社会本质，提高人的社会化程度，实现从自然人向社会人的转变，把人培养成一定社会所需要的合格的社会成员的过程。

大学生不仅是学校的一员，更是社会的一员，大学生是社会的人，大学生思想道德素质的形成发展不仅受到学校的影响，而且日益受到社会的影响。解决大学生的思想认识问题，规范大学生的社会行为，仅在学校内部是难以真正做到的，必须置于开放的社会环境中加以分析、研究和解决。大学生思想政治教育社会化是全党、全社会更加重视思想政治教育，努力增强思想政治教育的社会合力的必然结果。毛泽东曾经指出："思想政治工作，共产党应该管，共青团应该管，学校的校长、教师更应该管。"[③] 从学校外部来说，更要加强校际之间的协调与配合，尤其要加强与主管部门和社会其他力量之间的协调与配合。要组织、联合社会各方面的教育力量包括党团组织、新闻媒体、学术机构、社会团体以及家庭等各方面的力量，共同做好大学生思想政治教育工作。

人们的思想意识在任何时候都是被意识到的社会存在，人们的思想意识是社会存在的客观反映，要帮助人们形成正确的思想意识，就要立足于社会实践，把在社会实践基础上形成的社会的发展变化作为思想政治教育的内容，实现思想政治教育内容的社会化，引导人们正确认识社会的发展变化，形成正确

---

① 骆郁廷．论大学生思想政治教育的社会化趋势［J］．思想政治教育研究，2008（3）．

② 马克思恩格斯选集（第1卷）［M］．北京：人民出版社，2012：60．

③ 毛泽东著作选读（下册）［M］．北京：人民出版社，1986：780．

反映社会发展变化的思想意识。

大学生思想政治教育社会化的发展趋势客观上要求大学生思想政治教育运用社会化的途径、方法来开展思想政治教育。在现代社会，大众传媒对社会发展的作用和大学生的影响越来越大。大众传媒既可以通过舆论引导来影响人们的思想和行为，促进社会的发展与大学生的发展，又可以通过氛围营造来促进社会的和谐与大学生的成长。大学生的思想行为与社会大众传媒的影响息息相关，社会传媒已经成为现代社会大学生思想政治教育的重要载体。

生态文明教育本身应该是一种大众化的社会教育，需要社会成员的广泛参与，也应得到全社会的大力支持。① 无论是自然公园、博物馆，还是大众传媒、社会企业，都应该为生态文明教育发挥积极的作用。环境保护人人有责，生态文明教育人人参与。在国外，大量的社会组织，尤其是绿色环保组织是生态文明教育的主体力量。他们走上街头、深入学校、联系社区广泛宣传环保知识，推广环保科技产品，发起节能减排倡议，组织绿色和平运动，对政府的环境保护工作进行监督，客观上推动了生态文明教育的普及与升华，提升了整个社会的环保意识。除此以外，许多知名企业和跨国公司也积极承担社会责任，定期向社会发布绿色报告，展示企业在环境保护方面采取的有效措施，以及在地方社区相关活动中的积极贡献，从而赢得公众的好感和消费者的青睐。这些来自民间的自发行为，相对于政府的管理和学校的教育来说，更能被社会大众接受，生态文明教育的效果也更有效果，值得鼓励和推广。只有全社会形成了良好的氛围，生态文明教育才能入脑入心，"美丽中国"才能成为现实。

（二）大学生生态文明教育的网络化途径

进入网络时代，人们的生活与网络联系越来越紧密，正如习近平所说，谁不掌握网络就必然失掉未来，生态文明教育要与时俱进就必须重视网络这个载体，要想取得好的效果就应该形成全覆盖的网络生态文明教育。生态文明教育融入网络的途径是多种多样的，一方面可以通过建设专题性的公益网站来介绍环境保护知识，宣传环境保护政策，推广节能减排产品，还可以开展专业的环境保护咨询，提供优质的环境保护服务，在网民与网站的良好互动中进行生态

---

① 骆清，欧阳序华. 论环境教育与生态化人格培养［J］. 改革与开放，2018（17）.

文明教育。另外一方面可以要求其他主流网站必须开辟环境保护专栏，通过政府相关组织对它们的考核，进行"绿色网站"的鉴定认证，从而在各网站推广生态文明教育。① 让广大网民在无处不在的网络中潜移默化地接受生态文明教育，必然促使他们的环境素养不断提升，生态化人格进一步完善。

1. 大学生生态文明教育应重视网络的作用②

毫无疑问，我们正处在一个网络时代，互联网的普及应用极大地提高了社会的生产效率，也极大地丰富了人们的生活。网络作为第四媒体，与报刊、广播和电视等媒体相提并论，已经渗透到了人们社会生活的方方面面。对于思想政治教育而言，网络是把双刃剑，在开展大学生生态文明教育过程中，必须重视网络的作用。

（1）大学生是网络时代的积极参与者。根据中国互联网络信息中心（CNNIC）发布的第 45 次《中国互联网络发展状况统计报告》，截至 2020 年 3 月，我国网民规模达 9.04 亿，互联网普及率为 64.5%。其中，我国在线教育用户规模达 4.23 亿，较 2018 年底增长 110.2%，随着手机终端的大屏化和手机应用体验的不断提升，手机作为网民主要上网终端的趋势进一步明显。③ 根据调查统计，占人口总量近半的巨大网民队伍中，在校大学生作为特殊群体，手机上网率达到 99.5%，而且上网的时间是最长的，内容也涉及各个方面。大学生毫无疑问是网络时代的积极参与者，网络发展的有力推动者，随着慕课、微课等新媒体教育的全球推广，大学生的生活与网络的联系将更紧密。

现在的高校教育，包括大学生思想政治教育都不可避免地受到了网络的影响。"网络时代，教育主体面临的是一个虚拟的空间，这种由网络带来的现代网络技术日益深入校园生活并成为大学生传播信息和获取知识的重要渠道，对大学生的学习、生活乃至思想观念都产生了深远影响，并改变着大学生的思想

---

① 骆清，欧阳序华. 论环境教育与生态化人格培养 [J]. 改革与开放，2018 (17).
② 骆清，冯湘. 网络时代下大学生生态文明教育的应对之策 [J]. 传承，2016 (02).
③ CNNIC 发布第 45 次《中国互联网络发展状况统计报告》 [EB/OL]. http://www.gov.cn/xinwen/2020 – 04/28/content_ 5506903. htm.

观念和生活方式。"① 从时代性的角度来讲，网络时代已成为现代高校教育的大环境，必须重视网络对大学生思想政治教育的影响，任何忽略网络的教育都可能是落后于时代的教育。

（2）网络应成为生态文明教育的重要载体。生态文明教育是一种崭新的大学生思想政治教育，它既要坚持马克思主义思想的指导，遵循现代思想政治教育的理论原理和基本方法，也要结合自身的特点加强针对性和实效性。一般来说，"高校生态文明教育的主要途径包括：发挥思想政治理论课主渠道的作用，利用校园文化活动主阵地，开展有关社会实践活动，构建生态文明教育网络环境。"② 中共中央、国务院颁布的《关于进一步加强和改进大学生思想政治教育的意见》中强调，必须"努力拓展新形势下大学生思想政治教育的有效途径，主动占领网络思想政治教育新阵地"。作为大学生思想政治教育重要组成部分的生态文明教育同样必须重视网络时代带来的重要影响，充分利用网络这个重要载体。

借助网络可以大大提高大学生生态文明教育的工作效率。"传统的思想政治教育工作，一般采取课堂教育、当面沟通、实践活动等方式，教师和校方要花费大量的人力物力做准备，且实际的受益面比较窄。而通过网络，可以在第一时间了解到学生的动态、学生关注的重点，并可以快速地实现信息的传递、命令的下达，且能传达到每个人，使受益面扩大。"③ 对于生态文明教育尤其如此，因为现在大学生思想政治教育的内容多、任务重，作为新生事物的生态文明教育仅仅依靠主渠道和主阵地的作用已无法保证它的实效性，必须借助网络载体才能提高效率。生态文明教育必须要善于运用大学生喜闻乐见、容易接受的方式，必须要善于运用一些新兴网络平台和社交媒介。"网络的交互性沟通，将吸引人们由传统的被动式接受教育变为主动参与思想交流，在思想碰撞中自然而然地接受引导。"④ 生态文明的理念要真正深入人心，成为大学生思

---

① 苏志勇．网络时代思想政治教育面临的挑战与机遇［J］．长春理工大学学报（高教版），2009（3）.
② 陈艳．论高校生态文明教育［J］．思想理论教育导刊，2013（4）.
③ 孙晖．网络对于高校思想政治教育的促进作用［J］．中国信息界，2010（7）.
④ 李光辉，李梅．网络时代大学生思想政治教育新途径探索［J］．成人教育，2010（1）.

想意识的重要部分，离不开他们日常生活中的思想交流。充分发挥互联网交互性强的特点，大学生生态文明教育的相关教育活动就容易展开，生态文明的理念才有可能真正被大学生内化于心，外化于行。

2. 网络载体在大学生生态文明教育中的应用

在网络时代，生态文明教育作为大学生思想政治教育的新内容、新任务，必须改变课堂教学作为一切思想政治教育活动主渠道的传统观念，通过着力搭建生态文明教育的网络平台，努力提高教师运用网络进行生态文明教育的能力，充分发挥网络的作用来提高大学生生态文明教育的效果。

（1）着力搭建生态文明教育的网络平台。一方面，生态文明教育网络平台的搭建应注意形式多样，点面配合。在利用网络进行大学生生态文明教育的过程中，一定要充分发挥不同网络形式的优点，通过点面配合扩大覆盖面，立足全方位，在相关网站、移动客户端等开设专题栏目，展播推送。例如，教育部思想政治工作司、国家互联网信息办公室网络社会工作局2015年举办的首届全国大学生网络文化节，就对学生创作微电影、摄影、动漫、文学等作品进行遴选后，通过网络投票、大众点评进行广泛传播，既扩大了参与面，也提高了影响力。大学生生态文明教育既要有自身的主题性教育网站，也要在重要的专业德育网站上建设好专题栏目，更要在众多的综合性门户网站上有所体现。

另一方面，生态文明教育网络平台的搭建应注意大众化和专业化相结合。在专业化的网站上，要全面深入地进行生态文明教育。一是生态认知教育，通过生态环境现状教育、生态科学基本知识教育、生态环境法治教育来加强大学生对生态意识的培养。二是生态观念教育，通过古今中外的生态文明教育、生态伦理教育来促进大学生生态理念的形成。三是生态实践教育，通过日常生活中的低碳生活教育、绿色消费教育来倡导大学生生态行为的践行。四是生态情感教育，通过丰富多彩的网络生态体验教育，培养大学生对生态美的向往和对生态文明的情感。在大众化的网站上，要广泛地宣传党和政府在生态文明建设方面的重大方针政策和有力举措，经常性地报道各地生态文明建设所采取的措施、取得的成绩、形成的经验、培育的典型，还要及时披露在资源保护和环境污染方面存在的问题，倡导公益组织和社会大众积极参与生态监督和环境公益诉讼，通过大众网络点点滴滴的积累把生态文明的理念渗透到每一个关注网络的大学生心中。

（2）努力提高教师运用网络进行生态文明教育的能力。首先，高校教师要强化自身生态文明意识。从思想政治教育的角度来讲，高校的所有工作人员都是教育者，是全面育人、全员育人、全程育人的具体落实者。在生态文明教育过程中，基于工作对象和工作内容的特殊性，高校教师必须强化生态文明意识，不但要把生态文明的意识融合到自己所传授的专业知识中去，也要在平时的工作生活中做生态文明行为的示范者。既要重视言传，更要重视身教。可以说，国家要求把生态文明建设融入经济建设、政治建设、文化建设和社会建设的各方面和全过程，体现在高校就应该要求把生态文明理念融入经济知识、政治知识、文化知识和社会知识的方方面面。在全校的层面来讲，大力推广生态文明示范高校、绿色高校等创建活动，打造良好的校园生态文化，形成生态文明意识的浓厚氛围，强调高校教师的引领示范作用，这是非常必要的。

其次，高校教师应善于运用网络进行生态文明教育。众所周知，大学生是当代互联网运行中最为活跃的一个群体，绝大多数的高校思想政治教育工作者的网络使用能力可能还没有学生好。所以，当代高校教师务必要依据时代变化，借助各种有效可行的途径来提升自身的网络应用技能，满足网络时代思想政治教育的要求。目前国内部分高校已经开始寻找、研究、开发出适合开展思想政治教育工作的网络传播形式，比如清华大学、北京大学等，这些高校通过建设网络 BBS、在线课程、网络联谊会等校园项目，专门安排优秀的思想政治教师作为网络在线答疑的负责人与学生互动。① 在进行生态文明教育的过程中，除了传统的途径和载体，高校教师还需要学会广泛运用个人博客、班级微博、微信公众号、专题慕课、精彩微课等当代大学生喜闻乐见的网络形式，灵活多样地开展生态文明教育。唯有如此，才有可能在网络时代的大环境下，切实提高大学生生态文明教育的实效性。

（三）大学生生态文明教育的生活化途径

教育生活化是受西方教育思想影响发展而来的。20 世纪初胡塞尔提出教

---

① 胡凌燕．在网络时代前提下高校如何开展思想政治教育工作［J］．湘潮，2015（5）．

育要从"科学世界"回归到"生活世界"①，这给我国教育生活化思想的发展带来了重大影响。

思想政治教育生活化就是让思想政治教育围绕生活，结合生活，通过生活来进行，最终实现预期的教育效果，从根本上克服思想政治教育由于脱离生活而带来的不足。生活、社会就是思想政治教育最大的课堂，陶行知说过："教育这个社会现象，起源于生活，生活是教育的中心，教育应该为社会生活服务，在改造社会生活中发挥最大的作用，凡是社会生活的中心问题也就是教育的中心问题"。② 他还强调说："没有生活作中心的教育就是死教育。没有生活作中心的学校就是死学校。没有生活作中心的书本就是死书本。"③

思想政治教育生活化就是强调将实际生活过程作为思想政治教育的根本途径，在生活中开展思想政治教育。陶行知说过："准备生活的唯一途径就是进行社会生活。离开了任何直接的社会需要和动机，离开了任何现存的社会情境，要培养对社会有益和有用的习惯，是不折不扣地在岸上通过做动作教儿童游泳。"④

传统的教育目标远离生活，理想性有余，基础性不足。马克思主义者认为，"意识在任何时候都只能是被意识到了的存在，而人们的存在就是他们的实际生活。"⑤

思想政治教育的目标不但要依据中华民族的传统美德和新中国成立以后思想政治教育的实践经验，而且要贴近生活，贴近实际。贴近生活就是指思想政治教育目标必须要符合受教育者的智力发展水平和接受水平，具有可能的、可行的实践性，不仅是可测的，而且是能够实现的，既关注国家利益，又要关注个人的现实生活需求和精神追求。

在高校思想政治教育生活化过程中，要充分利用现代媒体手段，结合大学生活，创设各种模拟生活环境，让大学生体验虚拟生活环境，通过体验生活来

① 李焕明．思想政治教育生活化［J］．山东师范大学学报（人文社会科学版），2004（3）．

② 何国华．陶行知教育学［M］．广州：广东高等教育出版社，2002：42.

③ 陶行知全集：第2卷［M］．成都：四川人民出版社，1991：7.

④ 陶行知全集：第5卷［M］．成都：四川人民出版社，1991：477.

⑤ 马克思恩格斯全集（第3卷）［M］．北京：人民出版社，2012：29.

增强对社会主义核心价值的认同，激发他们的自豪感和优越感；要营造良好校园文化氛围，采用校园生活化的方式进行思想政治教育，让大学生在校园生活中时时受教育，事事受教育，通过这种校园文化氛围发挥大学生学习的积极性和主动性，在学习中进一步完善个人人格，促进自身全面发展，从而更好地适应社会生活；要利用校园生活中各种载体来增强思想政治教育的效果，把校园生活的各方面如：学生管理、校园文化、休闲活动、学生组织和社团等转变成传播思想政治教育信息的载体，通过这些载体把思想政治教育深入到大学校园生活的每个角落，从而影响到每一个大学生的生活，让他们感受到高校思想政治教育既真实可靠又富有道德情感，这样，高校思想政治教育的吸引力增强了，感染力增大了，效果也就越来越明显了。

与传统的思想政治教育路径相比，大学生思想政治教育的生活化路径在突出其鲜明的意识形态性教育的同时，非常注意突出思想政治教育过程的科学性，因为"有中国特色的现代思想政治教育学，因其以科学的世界观和方法论——马克思主义为指导，代表最广大人民群众的利益，所以具有科学性的特点"。[①] 大学生思想政治教育的科学性特点主要通过引导大学生确立良好的生活方式，最终通过促进其自由全面发展得以体现。其实最重要的就是要实现大学生生态文明教育的生活化，正如洛克所说："在全部教育上面，大部分的时间与努力都应该花在日后在青年人的日常生活里面最有结果、最常利用的事情上面"。[②] 杜威更进一步强调，教育不是生活的预备，它本身就是生活的过程。[③] 只有真正把生态文明教育融入大学生的日常生活中去，才能实现教育方法和途径的有效整合，才能形成教育合力，实现教育目标。

三、协同性途径的综合运用

大学生生态文明教育要取得实效，必须实现课内与课外、校内与校外、线上与线下的"三结合"。正如专家所言，"德育与其他几育相比较，其独立性

---

① 张耀灿，郑永廷，等. 现代思想政治教育学 [M]. 北京：人民出版社，2001：51.

② 洛克. 教育漫话 [M]. 傅任敢，译. 北京：教育科学出版社，1999：173.

③ 杜威教育名篇 [M]. 赵祥麟，王承绪，编译. 北京：教育科学出版社，2006：4.

要弱得多，光靠德育自身而忽视其他几育的德育因素，就不可能收到好的效果。"基于大学生生态文明教育本身的特点，协同性途径的综合运用将是未来最重要的发展方向。

（一）大学生生态文明教育的协同整合

生态文明作为一种新的文明形态，具有不同于以往文明形态的许多特点，如何进行生态文明教育，也相应地需要有不同于传统教育的范式。① 2014 年在美国举行了第八届"生态文明国际论坛"，这次国际会议的主题是"为了生态文明的教育"，国内外的专家学者普遍认为，生态文明建设呼吁新的教育范式，强调从现代教育范式向生态文明教育范式转换是当下教育发展的基本趋向。② 正如刘铁芳教授所言，教育应顺应文明的大势，我们不可能以某种单一的方式将教育问题解决，而是需要在不断纠偏的过程中寻求当代教育精神的健全发展，使其走向整合，从而成为当代教育理论研究的基本价值精神路向。③ 解决大学生生态文明教育的理论和实践问题，关键在于对各教育要素进行系统的整合深化，使其形成教育合力，促进教育效果的提升。

一是生态文明教育目标的整合。就教育学的基本原理来说，所有有意识的教育活动，都有明确的教育目标。教育目标是教育活动的核心，是教育内容和教育方法的指针。教育目标实现的程度也是检验教育活动成效的基本参考。同样的道理，明确大学生生态文明教育的目标是搞好大学生生态文明教育的首要问题。但在已有的相关研究中，涉及生态文明教育目标方面的成果很少，表现出思考不深，认识不清的缺陷。大学生生态文明教育作为高校思想政治教育的组成部分，既有一般教育的共性，也有思想政治教育的特性，更有生态文明教育自身的个性。正如赫尔巴特所说："我们只有知道如何在年轻人的心灵中培植起一种广阔的、其中各部分都紧密联系在一起的思想范围，这一思想范围具有克服环境不利方面的能力，具有吸收环境有利方面并使之与其本身达到同一

---

① 骆清，刘新庚. 大学生生态文明教育的思想理路［J］. 广西社会科学，2017（12）.

② 杨志华. 为了生态文明的教育——中美生态文明教育理论和实践最新动态［J］. 现代大学教育，2015（1）.

③ 刘铁芳. 走向整合：教育理论研究的精神路向［N］. 中国社会科学报，2016 - 07 - 07（04）.

的能力，那么我们才能发挥教育的巨大作用。"作为一般的教育而言，大学生生态文明教育同样应包含一个知识、意识、态度、技能、素质和参与在内的多目标体系；作为一项特定的思想教育而言，大学生生态文明教育的目标可以整合为以下三个方面：生态意识的培育、生态行为的引导和生态人格的塑造。笔者将在下文围绕这三个方面展开论述，以期在大学生生态文明教育的整合方面起到抛砖引玉的作用。

二是生态文明教育内容的整合。学者们有关高校生态文明教育内容的研究是比较充分的，但是存在众说纷纭、莫衷一是的现象。比如有的学者认为，高校生态文明教育主要包括生态环境现状教育、生态科学基本知识教育、生态文明观教育、生态环境法制教育。[①] 有的学者认为，高校生态文明教育主要包括生态意识、生态观念、生态道德、生态法治等方面。[②] 有的学者认为，高校生态文明教育的内容主要包括生态文明理念的普及，生态道德意识的唤醒，生态道德素质的形成，生态文明行为能力的培养。[③] 还有学者认为，生态文明教育的基本内容主要包括生态国情教育、生态国策教育、生态法制教育、生态经济教育、生态消费教育。[④] 总体来说大同小异，各有侧重。毫无疑问，大学生生态文明教育内容不可能面面俱到，需要进行整合。内容整合的精神路向必须明确，尤其在教育目标和教育内容的区别上，在知识教育与思想教育的结合上，都需要进一步依据思想政治教育基本原理进行认真审视，真正使教育内容为教育目标服务，让知识走向美德，知识学习指向生命成长。[⑤]

三是生态文明教育方法和途径的整合。在如何开展大学生生态文明教育的方法和途径方面，学者们也有不少的研究成果，尤其是系统论的运用和资源的整合方面都得到了理论界的重视。比如有的学者关注运用系统论的原则，强化学校、社会、家庭、学生"四位一体"的体制，形成大学生生态文明教育的

---

① 廖金香. 高校生态文明教育的时代诉求与路径选择 [J]. 高教探索，2013 (4).

② 陈艳. 论高校生态文明教育 [J]. 思想理论教育导刊，2013 (4).

③ 姜赛飞. 高校生态文明教育探究 [J]. 教育探索，2011 (8).

④ 黄娟，黄丹. 中国特色生态文明教育思想论：十六大以来中国共产党的生态文明教育思想 [J]. 鄱阳湖学刊，2013 (2).

⑤ 刘铁芳. 知识学习与生命成长：知识如何走向美德 [J]. 高等教育研究，2016 (10).

合力。① 有的学者则强调建构各种教育机制，整合相关教育资源，才能有效开展高校生态文明教育。② 这些论述都从方法论的角度对大学生生态文明教育方法和途径的整合进行了有益的探索。

（二）大学生生态文明教育的环境优化

相对于"现代"而言的"后现代"，既是对现代社会的继承和发展，也是对现代主义的修正和重构。③ "后现代"强调对不同价值观念、人生信念、生活方式的包容，以更加开放的态度对待人类社会不同的传统和主义。后现代语境下，个人的成长与发展不是被动的，而是一个个体自觉主动地改造、构建自我与社会、他人关系，以及自身内部世界的过程。④ 在人本主义和民粹主义思潮的影响下，青年作为代表未来社会发展方向的新生力量，毫无疑问是最受"后现代主义者"关注的群体，因为他们也知道，谁赢得了青年谁就赢得了未来。在对青年诸多方面的关注中，如何给广大青年的发展提供良好的环境成为"后现代"研究的热点之一。尤其是在 1966 年美国学者阿什比提出"ecology of higher education"的概念并创立高等教育生态学理论后，国内外涌现了许多关于教育与环境关系的研究成果，强调良好的教育生态对青年发展的重要意义和巨大作用。以此为基础，国内的学者们提出了"德育生态"的概念，并展开了广泛的研究。"德育生态"既强调德育对个体成长尤其是青年发展不可或缺的重要作用，也重视对以工业文明为代表的现代德育范式的修正和创新，是对以"后现代主义"为代表的社会思潮的主动应对，也是对以"生态文明"为表征的文明发展趋势的顺应。在后现代背景下，如何通过优化生态文明教育环境，来改进生态文明教育系统的整体功能，以提升德育的实效，充分发挥生态文明教育在青年发展中的作用，促进个体生命更好成长，是德育工作者需要不断探索的问题。笔者尝试围绕德育的授受过程、实践过程、心理过程和拓展过程，对生态文明教育环境的优化进行一些探讨。

---

① 李定庆. 系统论视角下的大学生生态文明教育［J］. 思想理论教育导刊，2014 (11).

② 路琳，屈乾坤. 试论高校生态文明教育机制的建构［J］. 思想教育研究，2015 (6).

③ 骆清. 后现代视域中德育生态环境的优化［J］. 当代教育论坛，2017 (03).

④ 姜勇. 论教师专业发展的后现代转向［J］. 比较教育研究，2005 (5).

1. 高校生态文明教育授受环境的优化。从德育授受过程看，学校作为生态文明教育实施的主要场所，要实现生态文明教育环境的全面优化，必须充分发挥教育者的生态文明教育主导作用和受教育者的生态文明教育主体作用。"德育生态"作为后现代德育理论研究和实践展开的一种新范式，就是把德育工作看作一个有机的生态系统，运用生态学的基本立场、根本原则与一般方法来研究生态文明教育的规律，既重视生态文明教育内部诸要素之间的相互关系，也强调外部环境对生态文明教育效果的影响。德育生态理论认为，生态文明教育系统是一个有机体，既包括教育者和受教育者等主体要素，也包括生态文明教育目标、生态文明教育内容和生态文明教育方法等介体要素，各要素都不是单独的存在，必须通过系统内部各要素的互动来实现每个要素的价值，一起实现生态文明教育自身的价值。从生态文明教育主体性的角度来看，教育者和受教育者是生态文明教育系统中最为重要的两个要素，处理好他们之间的关系至关重要，既决定一定社会群体生态文明教育目标是否能够有效实现，也决定青年在发展的关键时期能否顺利地实现德性养成。

在后现代视域下，生态文明教育授受过程中的教育者与受教育者应平等对话、共同探究、一起成长①，是一种生态型的交互主体关系，这种新型的关系反对传统德育中教育者的支配地位，尤其主张改变受教育者的被支配地位。德育生态理论既强调教育者和受教育者之间在地位上的平等关系，也坚持区分二者在生态文明教育授受过程中的不同作用，认为充分发挥好教育者在生态文明教育过程中的组织引导和方向把握作用的同时，也要突出青年在生态文明教育过程中的主观能动性作用。通过构建一个"主导——主体"积极互动的生态文明教育授受生态环境，来调动青年积极主动参与生态文明教育。一方面，生态文明教育授受生态环境的优化，绝不是要弱化或者取消教育者的作用，让受教育者毫无约束像野草一样自由自在地生长，而是要改变传统德育中教育者奉行的单边主义和采取的满堂灌方式，以及提供的一元化思维和标准化答案，代之以多边主义和互动、开放、多元的生态文明教育理念及实践，充分发挥教育者在青年发展中"人生导师"的作用。另一方面，生态文明教育授受生态环

---

① 孙梅．后现代主义视阈下我国师生关系凸显的弊端及其重构［J］．当代教育论坛，2016（6）．

境的优化，既要紧密围绕社会群体的生态文明教育目标展开生态文明教育，也要不断更新生态文明教育内容和适时调整生态文明教育方法，使它们符合青年不同的年龄特点和品德发展水平，充分体现青年的主体地位和发展的层次性。避免出现既没有培养青年的道德意识，也没有引导青年的德性养成这样的无效生态文明教育①，让青年认识到生态文明教育是他们人生发展的内在需要，从而调动青年参与生态文明教育的主动性和积极性，和教育者一起完成"立德树人"的工作目标。

2. 高校生态文明教育实践环境的优化。从生态文明教育实践过程来看，家庭、学校和社会都是青年生态文明教育实践的场所，要实现生态文明教育环境的全面优化，需要完善生态文明教育实践的运行机制，实现生态文明教育系统协调均衡发展。只有这样，才能形成家庭、学校和社会三个生态文明教育子系统之间联动协作的大德育格局，青年的道德成长才能具有高度一致性的背景和基础。青年发展问题可以概括为由外部环境、客观条件、社会制度等因素所形成的那些影响青年正常社会化发展的外在规定性。② 应该说，无论是在青年自主性发展过程中，还是在青年社会化发展过程中，由家庭、学校、社会组成的生态文明教育实践环境对他们都会产生极大的影响作用。目前普遍存在的现象就是，学校生态文明教育与其他生态文明教育系统相对分割，脱离社会生活现实和家庭生活实践，这样各自为政当然难以取得实效。平时学者们强调的"大德育"就是要解决青年学生在学校学到的，与在家里听到的和社会上看到的不一致的问题。说到底，这实际上是一个生态文明教育环境不良的问题，也是目前各方面生态文明教育实效欠佳的关键所在。在后现代背景下，各种社会思潮不断寻求对自身话语权和合法身份的确认，以去中心化和反对单线思维为鲜明特征。③ 这些多样的社会风气和多元的思潮流派都会对学校的校风、老师的教风和学生的学风产生影响，直接渗入学校生态文明教育环境。所以要促进

① 张梦月，李西顺. 对当前我国学校德育实效问题的理论反思 [J]. 当代教育论坛，2016 (3).
② 郑大俊，高立伟. 当代社会思潮与青年发展问题的思考 [J]. 思想理论教育导刊，2009 (12).
③ 侯英梅，宋斌华. 后现代教育理念下高校青年教师的专业发展 [J]. 新余高专学报，2010 (6).

青年德性发展和知行统一，必须以家庭环境为基础平台，以学校环境为内化前沿，以社会环境为外化阵地，构建"家庭——学校——社会"联动协作的生态文明教育实践生态环境。

德育生态理论既包含生态学的世界观，也包含生态学的方法论，要求用系统、整体、和谐、开放的眼光去审视生态文明教育实践的环境。在后现代背景下，人际交往的发达以及传媒手段的多样化，要求生态文明教育工作者积极整合各种生态文明教育资源，打造一个完整的"家庭——学校——社会"德育生态链，实现诸生态要素的良性互动，从而切实提高生态文明教育工作实效。其一是要优化家庭生态文明教育实践生态环境。家庭作为社会的细胞，是生态文明教育系统不可或缺且最为基础的生态因子。在家庭生态文明教育环境中，家庭成员的言行对青年的德性养成影响很大，有学者甚至认为家庭教育是终身教育的最基础平台，会影响到整个生态文明教育实践的生态环境。但现实生活中，家庭作为温馨的港湾，尤其是家庭的原子化倾向，在青年生态文明教育实践中的重要作用不断弱化。优化家庭生态文明教育环境，首先家长要改变生态文明教育观念，不断加强自身修养，重视家庭在生态文明教育中的重要作用，树立先成人再成才的育人理念，在平时生活中树立良好榜样，注意对下一代在德性养成方面的言传身教。其次要营造民主与和谐的家庭氛围，反对传统家长权威，改变以前家长站在制高点上对孩子的道德绑架，以包容的态度对待孩子的道德成长，让每个家庭都成为青年生态文明教育实践最轻松的场所。其二是要优化学校生态文明教育实践生态环境。德育生态系统中，各级各类学校作为专门培养人的机构和场所，在青年的德性养成方面发挥的作用是无可替代的。但学校作为一方净土，不能成为青年生态文明教育的象牙塔。优化学校生态文明教育环境首先要突出生态文明教育的地位，真正把生态文明教育放在学校所有工作的首位，在学校形成全员育人、全程育人的浓厚氛围，让学校成为青年生态文明教育实践的内化前沿。其次要建立有效机制，为青年学生积极开展生态文明教育实践创造环境、提供便利，比如各地流行的道德银行、雷锋商店和青年志愿者协会等。其三是要优化社会生态文明教育实践生态环境。任何青年的道德成长都是在特定的社会环境中完成的，社会环境是生态文明教育系统中最复杂的变量，也是青年德性最终养成的大熔炉。社会生态文明教育环境的优化，首先要发挥国家的引导作用，政府要运用媒体和舆论在全社会的道德建设方面多传播正能量，让青年的道德行为有所遵循。其次要调动各种社会力量参与道德建设，把各个城市社区、居民小区、机关部门、社会团体和民间组织等社会单位的作用发挥出来，作为青年生态文明教育实践的外化阵地。

3. 高校生态文明教育心理环境的优化。从生态文明教育心理过程来看，优化生态文明教育环境，必须重视青年德性养成的心理过程，构建青年个体身心和谐的生态文明教育心理生态环境。青年发展的程度往往是衡量一个社会发展程度的重要标志。[①] 一般来说，青年的发展可以分为两个方面：一方面是青年的自在性发展，即青年在生理和心理（包括个性）等自身方面的变化倾向及过程；另一方面是青年的社会化发展，即青年在参与社会（包括学校）活动中实现的变化倾向及过程。生态文明教育环境的优化，目的是把诸因素置于一个生态文明教育系统中，通过各生态因子的共生来提高生态文明教育工作的实效，但核心是以个体"身体——心理"之间调适和谐为立足点，实现青年的健康成长和人生发展。在后现代背景下，社会群体的生态文明教育目标要能实现，生态文明教育工作者的教育活动要产生实效，都离不开受教育者在心理上的接纳。那种迫于社会舆论压力的道德遵循，不但经不起时间的考验，也容易造成青年道德人格的分裂，有些甚至因为调适不当出现心理问题。赫尔巴特明确提出"教育的最高目的是道德"，在他的理论体系中试图把教育的方法论建立在心理学的基础上，把教育的目的论建立在伦理学的基础上，主张以道德的目的来整合教育的过程与方法。但人的全面发展的内在要求绝非单纯是道德的，在生态文明教育过程中，我们必须寻求青年在德性养成与身心和谐之间的内在平衡。

根据思想政治教育的基本原理，作为受教育者，青年德性的养成一般经历内化和外化两个阶段。内化阶段是指青年将包含着国家、社会发展需要的生态文明教育目标，转化为自身发展需要，形成一定的道德认识、情感、意志、能力等内在品质。这是一个生态文明教育工作由外向内的渗透过程，即青年把外部的生态文明教育影响内化于自身的道德观念的过程。外化阶段是指青年将新的道德观念转化为自身自觉的行为，并在反复的生态文明教育实践中养成具有个性的行为习惯。这是一个生态文明教育工作由内向外的显现过程，即青年把

---

① 杨雄. 中国青年发展演变研究 [M]. 上海：上海文化出版社，2008：6-7.

内在的道德观念外化于具体的道德行为的过程。① 在后现代视域中，无论是内化阶段还是外化阶段，都必须考虑青年的心理调适，构建起良好的生态文明教育心理生态环境，在身心健康的基础上实现青年个体的和谐成长。优化生态文明教育心理生态环境，要强调生态文明教育工作中的人文关怀和对受教育者的心理疏导。一是要加强生态文明教育工作中对受教育者在人文方面的关怀。所谓人文关怀，指的是在生态文明教育过程中对受教育者人文精神的关怀或人道主义的关怀，就是高扬人本主义旗帜，遵循以人为本原则。只有教育者真心地关心青年的生存和发展，生态文明教育的过程尊重青年，生态文明教育的目标为了青年，尽量满足青年多层次多方面的感受和需求，青年在接受生态文明教育时才会感到内心的喜悦和身体的舒适，才能在生态文明教育过程中更好地发挥主体作用。二是提倡心理疏导在生态文明教育工作中的广泛运用。作为一种心理咨询常用的方法，心理疏导运用到生态文明教育工作中，主要是指教育者与受教育者交流，通过解释、共情、安抚等方法来影响青年的心理状态，消除青年在生态文明教育实践中可能存在的心理问题，促进青年身心健康。从这个意义上讲，生态文明教育工作中的心理疏导就是不断消除生态文明教育对象的心理冲突，最大限度创造青年和谐心理的过程，从而优化生态文明教育环境，更好实现生态文明教育目标。

4. 高校生态文明教育网络环境的优化。从拓展过程看，优化高校生态文明教育环境，必须重视网络这个虚拟空间在青年德性养成中的巨大影响，构建一个健康有序的生态文明教育网络生态环境。随着移动终端智能化的不断升级，慕课、微课等在线教育的全球推广，作为网络时代的积极参与者和网络发展的有力推动者，青年的生活与网络的联系越来越紧密。在生态文明教育环境中，虚拟网络空间对青年的影响越来越大，网络世界传播的一些理念会直接影响青年的思维习惯和行为模式，造成青年人格的分裂，形成许多青年"在校一个样，回家另一个样，网上不像样"的怪现象。所以，生态文明教育环境的优化，必须处理好"虚拟——现实"之间的关系，形成虚实结合，规范有序的生态文明教育拓展空间。

在后现代视域下，网络作为一个虚拟空间已成为青年生态文明教育的大环

---

① 王云涛. 论大学德育生态环境之建构［J］. 学术交流，2014（3）.

境，任何忽略网络的教育都是落后于时代的生态文明教育，必须重视网络对青年发展中德性养成的影响。"网络时代……对大学生的学习、生活乃至思想观念都产生了深远影响，并改变着大学生的思想观念和生活方式。"① 媒体在2017年2月份报道，《中国古代诗歌散文欣赏》作为官方出版的高中语文选修教材，其中的网址竟然出现了淫秽色情网站。虽然人民教育出版社发表声明称系网页内容遭到篡改，并及时向网络监管部门做了举报，但其中反映的问题还是令人深思，也敲响了网络生态文明教育的警钟。优化生态文明教育网络生态环境，除了相关部门加强网络监控外，还需要主动建立网络生态文明教育平台，提高教育者运用网络进行生态文明教育的能力。一方面，生态文明教育网络平台的搭建应注意覆盖上的点面配合和形式上的丰富多样。在生态文明教育网络生态环境的优化上，一定要充分发挥不同网络形式的优点，既要注意大众化也要强调专业化，通过全方位开设专题栏目来加强展播推送。另一方面，除了传统的途径和载体，生态文明教育工作者还需要学会广泛运用个人博客、班级微博、微信公众号、专题慕课、精彩微课等当代青年喜闻乐见的网络形式②，灵活多样地开展生态文明教育工作。唯有如此，才有可能实现生态文明教育网络生态环境的优化，在网络信息时代切实提高青年生态文明教育的实效性。

（3）校企合作模式下大学生环保公益活动创新

加强校企合作是我国教育尤其是职业技术教育发展的重要战略思想。无论是从理论层面还是从实践层面，校企合作作为一种新的教育模式已经得到了广泛关注和迅速发展，也取得了巨大成效。但在大学生思想政治教育方面，校企双方如何进一步深化合作，充分发挥高校和企业各自的优势，在高校人才培养目标尤其是德育目标与企业经营目标尤其是社会责任目标上实现双赢，这是一个很有实践探索意义的新课题。③ 在加强大学生生态文明教育的协同性途径探

---

① 苏志勇. 网络时代思想政治教育面临的挑战与机遇 [J]. 长春理工大学学报（高教版），2009（3）.

② 骆清，冯湘. 网络时代下大学生生态文明教育的应对之策. [J]. 传承，2016（2）.

③ 骆清. 探讨校企合作模式下大学生公益活动——以湖南商务职院与长沙湘贵公司的合作为例 [J]. 沧桑，2014（03）.

索方面，我们以湖南商务职业技术学院经济贸易系与长沙湘贵实业有限公司的合作为例，总结提炼校企双方在开展社会公益活动方面的长期合作经验，致力于构建持续时间较长、具有示范作用、学生喜闻乐见、有良好育人效果的大学生公益活动工作模式。

1. 大学生环保公益活动存在的不足

大学生社会公益活动已经成为大学校园里亮丽的风景线。这种社会公益实践活动由大学生发起或参与，以利他为内容，以公共利益为目标指向。对于高校而言，广泛开展社会公益活动是提升大学生思想道德素质的一种有效途径，鼓励大学生积极参与社会公益活动实践是高校思想政治教育不可缺少的重要内容。大学生社会公益实践，是服务社群的一种方式，也是大学生观察和研究社会的途径。① 经由这一渠道，有利于大学生把专业知识应用到社会服务之中，拓展了青年大学生的视野，也为社会公益事业带来了新的动力。

尽管大学生群体参与公益活动有诸多优势，但也存在许多不足。这些不足主要体现在：大学生公益活动经费不足，物质基础薄弱，导致公益活动的规模受到制约；许多大学生社会实践能力差，解决实际问题能力和人际交往能力有待提高，影响了公益活动的社会效果；在校所学理论与公益活动所需知识间有一定差距，不能灵活做到学以致用，对参与者的个人提升有限……这些不足在很大程度上限制了大学生公益活动优势的发挥，易造成大学生开展的公益活动流于形式，极大挫伤了大学生为公众提供服务的积极性，严重阻碍了公益活动达到理想的效果。② 因此，大学生公益活动需要借助一定的外部力量帮助，争取社会资源的支持，才能弥补自身的缺陷，努力使自身达到最优化状态。可供大学生公益活动选择的社会合作资源有很多，如行政机关、事业单位、行业协会、合作企业、新闻媒体等，本书以湖南商务职业技术学院经济贸易系与长沙湘贵实业有限公司的合作为例，重点关注合作企业在大学生公益活动中的角色和作用，所得结论也可为大学生公益活动与其他组织合作提供一定的借鉴意义。

---

① 钟一彪. 大学生社会公益实践探讨 [J]. 当代青年研究，2013（1）.
② 李波，李媛. 高等院校大学生公益社团参与社会管理研究 [J]. 学园，2013（4）.

2. 企业开展环保公益活动面临的问题

公益活动是指活动的目的旨在提供人类福利和增进公共利益，它包括提供有形的财物或无形的劳务，对他人表达善意，对社会做有意义的贡献等。[①] 企业作为"社会公民"，除了主动承担经济责任外，还要承担社会责任。参加公益活动是企业承担社会责任主要途径之一。对于企业而言，积极投身社会公益活动是企业履行社会责任的必然要求，也是企业实现经营管理目标的重要手段。

尽管现在有很多企业积极参与社会公益活动，也取得了很好的社会效果，既改变了以往人们对企业"唯利是图"的看法，也切实解决了一些困难群体的问题，对社会治理进行了正面的引导，但我们也看到企业在开展社会公益活动的过程中仍然面临不少问题。比如：政府的财政税收政策配套不到位，企业参与社会公益活动的积极性不高，政府激励措施的缺乏使企业的公益活动完全依靠企业家的良知和企业文化的善意；企业在竞争激烈的市场经济背景下，没有充足的人力、物力、财力和精力来认真组织大型的公益活动，往往是心有余而力不足，影响了公益活动的开展；企业的公益活动容易被社会误读，新闻媒体的宣传报道也受到限制，弱化了企业公益活动的社会效果……这些问题导致企业开展公益活动缺乏动力，难以形成长效机制，使企业的公益活动没有可持续性。

3. 校企合作联手环保公益活动的有益尝试

湖南商务职业技术学院经济贸易系团总支自 2008 年开始，组织全系学生开展主题为"传递爱心，点燃希望"的环保公益活动，广大学生积极参与，通过义卖、募捐等方式，截至 2010 年共筹集善款 4 万余元，爱心足迹遍及学校周边地区，收到了良好的社会效果。但也存在形式单一，规模有限，影响不大，难以为继的问题。2011 年开始，我们与长沙湘贵实业有限公司合作，开启了爱心活动校企合作模式，由长沙湘贵实业有限公司提供物资，学生志愿者和爱心企业人士一起组织爱心义卖筹集善款。

具体做法如下：一是在省内进行调查研究，选择环境破坏较为严重的地区作为公益活动对象。然后通过实地调研，了解受助学校的基本情况。二是在学

---

① 张向前. 和谐社会企业公益活动管理研究 [J]. 科技和产业，2006（11）.

生中进行广泛宣传发动，组织学生志愿者积极参与校企合作公益活动，并举行隆重的活动启动仪式。三是由专业教研室组织学生志愿者开展主题营销策划大赛，为后期实战工作做准备。学生志愿者在专业老师的指导下，通过走访市场、现场调研、撰写调研报告等形式，掌握真实市场情况，提出切实可行的实施方案，并由长沙湘贵实业有限公司、湖南商务职业技术学院市场营销教研室共同组成专家评审组对方案进行评比评奖。四是开展实战活动。通过主题营销策划大赛选出部分优秀志愿者参加湘贵实业有限公司的网点扫盲行动。在扫盲行动中，志愿者也将爱心活动宣传资料发放到每一个营业网点，扩大爱心活动的社会影响力，通过爱心产品的义卖筹集善款，湘贵实业有限公司从义卖所得中提取不少于五万元的爱心资金购买捐赠物资，并对参与活动的学生志愿者发放湘贵助学金2万元。

学校搭建助学平台，爱心企业倾情相助，共同关注环境保护的"校企合作，爱心环保"的新模式既给受益地区带去了希望，也让学生学会了感恩与回报社会，同时得到了实践技能的锻炼，提升了专业素质。通过这样的爱心活动，让学生既参与奉献爱心，真正感受到赠人玫瑰、手有余香的助人之乐，又接受企业的捐助，感受社会的爱心，圆满完成自己的学业。中国青年网、湖南电视台、长沙晚报、炎陵电视台、隆回政府网等多家媒体和网络以《湖南商务职院开创爱心公益活动新模式》《公益创新再助学　商务学子"能"奉献》为主题对活动进行了报道与宣传，收到了很好的社会效果。

4. 完善校企合作开展大学生环保公益活动的工作模式

弥补大学生公益活动的开展存在的不足需要工作模式的改变，正如湖南省教育厅在《关于实施湖南省大学生思想道德素质提升工程的意见》（湘教发〔2009〕55号）中所强调的：我们必须……以改革创新为动力，以增强思想政治教育的针对性、实效性为重点，以大学生全面发展为目标，以创新体制机制、搭建工作新平台、推进德育资源建设等为手段，切实加强和改进大学生思想政治教育工作，培养德智体美全面发展的社会主义合格建设者和可靠接班人。通过对湖南商务职院与长沙湘贵公司校企合作开展大学生公益活动有益探索的分析，笔者认为可以从以下四个等方面完善校企合作开展大学生公益活动的工作模式。

（1）加强学校引导、搭建工作平台

公益活动是大学生参加社会实践的有益形式，是对大学生进行思想政治教育的有效途径，需要高校的积极引导。由于大学生社团和个人自身的局限性，他们自发的公益活动效果无法保证。高校作为教育者，由相关部门对大学生公益活动进行指导是可行的也是必要的。除了一般意义上的领导重视外，高校应运用加强校企合作的办学理念，创新大学生思想政治教育工作的方法和途径。在强调校企合作双方互利共赢的基础上，从大学生参与社会公益活动的实践角度，深化校企合作，努力推进大学生参与社会公益活动的制度化、长效化、特色化建设。

（2）签署合作协议、争取企业支持

许多高校，尤其是高职院校在校企合作方面都开展了卓有成效的工作，在企业助学方面，也有很多企业冠名的助学金，但在校企合作共同开展社会公益活动方面还有待加强。高校应以校企合作协议为依托，争取企业的大量支持，建立健全活动的组织机构和制度体系，逐步实现大学生参与社会公益活动的制度化，推进校企合作开展公益活动的长效化。

（3）注重专业结合、鼓励学生参与

大学生参与公益活动有很高的积极性，但他们缺少社会阅历，自己经济上还没有独立，加上学习任务重，就业压力大，使公益活动开展受到较大约束。高校应注意把公益活动的开展与大学生的专业学习结合起来，以进行专业技能竞赛的形式鼓励学生参与，让学生通过运用自己所学的专业知识为社会服务，同时提高自身的专业技能，为将来的就业打下良好的基础。校企双方还可以以比赛评奖和困难资助的形式对参与公益活动的学生进行鼓励。

（4）进行广泛宣传、扩大社会影响

校企合作组织大学生开展公益活动是一种新形式的善举，向社会传递的是强大的正能量，应该进行广泛宣传，尽量扩大社会影响，形成一种良好的社会风气。在网络媒体十分发达的今天，我们需要通过各种途径宣传好的行为，让无论是关心公益提供帮助的企业和学生，还是受助的学校和学生都感受到正面的肯定，带动更多的企业和个人参与到公益活动中来，一起构建美丽中国。

第十一章　国外环境教育对大学生生态文明教育的启示

人类进入后工业时代以来，伴随着生态危机的日益严重，环境教育已逐渐成为一种在全球广泛开展的教育活动。国外的环境教育经过多年的实践，已经积累了许多成熟的经验。学习借鉴国外在进行环境教育方面的有益经验和成功做法，肯定有助于我国大学生生态文明教育更好地开展。

一、国外环境教育的历史与现状

虽然关于环境保护的思想，在国外也很早就有了，尤其是工业革命后，西方生态伦理思想发展很快，但真正的环境教育却是 20 世纪中期才开始的。对国外环境教育的历史与现状进行梳理，大致可以分为以下几个阶段。①

（一）初始阶段：环境教育的提出

"环境教育"（Environmental Education）一词，最早是在 1948 年召开的国际自然保护联合会成立大会上提出来的。② 当时威尔士自然保护协会主席托马斯·普瑞查（Thomas Pritchard）在巴黎提出"……我们需要有一种教育方法，可以将自然与社会科学加以综合"，他同时建议将这种方法称为"环境教育"。1957 年美国的布伦南（Brennen）首次提出了"环境教育"的提法。"在此后很长一段时间内，环境教育一直被视为保护教育的同义词，直到 20 世纪 70 年代，环境教育才随着人类对环境问题的关注确立了自己的地位。"1976 年美国学者纳什（Nash）对"环境教育"起源进行考察后认为，自然研究、户外教育和保护教育都是环境教育的前身与基础。通过户外教育、自然研究以及保护教育，其目的就是要通过综合学习的模式来开展活动，提醒民众存

---

① 郭昭君. 高校生态德育研究［D］. 上海大学，2013.
② 曹洁. 日本社会的环境教育及启示［J］. 河北师范大学学报，2010（7）.

在环境问题，告诫人们对各种自然资源进行保护是必要的。

（二）发展阶段：各种概念的整合

从 20 世纪 60 年代起在西方发达国家尤其以英国为代表，出现了很多包括"资源管理教育、能源教育、发展教育、人口教育、和平教育、人权教育"等。这些教育在 20 世纪 70 年代得到迅速发展，"同环境教育相比，虽然它们关注的焦点有所差异，但是涉及内容相互交叉、重叠，并且从广义上看有着相似的教育目的。随着对环境问题的深入探讨，各种教育的内容与目的在环境问题上得到融会与结合，逐渐成为环境教育的一部分。"环境教育在各种教育汇流的过程中实现了自身内涵的拓展以及深化。在深入的过程中，一系列的新的教育课题，如代际间的权利问题、环境权问题、世界范围内贫富差距造成的不公正和斗争、环境和资源引起的战争、地方环境与全球环境的关系问题等进入到原来只局限于自然污染和资源枯竭研究的视野当中，如贫困、公平、民主、参与、正义、决策等诸问题，从而使环境教育的内容不再停留于地区自然和人工环境，而是以更加系统与整合的方法探讨人与人、人与环境之间的关系。因而，生态道德问题的重要性也逐渐得到了凸显。

（三）兴起阶段：环境教育的国际热潮

1972 年 6 月在瑞典首都斯德哥尔摩召开的联合国首届"人类环境会议"标志着环境教育在全球的正式兴起。当时有 113 个国家参加了这次会议，会上通过了《联合国人类环境宣言》和一个保护全球环境的"行动计划"。会议的口号是"只有一个地球"，宣告为了这一代和将来的世世代代，保护和改善人类的环境已经成为人类的一个紧迫任务。首届人类环境大会还正式将"环境教育"（Environmental Education，简称 EE）的名称确定下来，并明确了环境教育的性质、对象和意义。大会提出，环境教育是一门跨学科课程，涉及校内外各级教育，对象为全体大众，尤其是普通市民。课程的目标是使人们能根据所受的教育，采取简单的步骤来管理和控制自己的环境。随后在该年举行的第27 届联合国大会上确定 6 月 5 日为"世界环境日"，推动了环境教育在全球范围内的蓬勃发展。

1977 年 10 月 14—26 日，联合国科教文组织和环境规划署在第比利斯召开了有 68 个国家政府代表参加的第一届政府间环境教育大会，使"环境教育"的共识不断趋于完善。① 会议通过了《环境教育第比利斯政府间会议宣言》，并发布了包含41条内容的有关开展环境教育的建议书。会议认为，"教育利用着科学和技术的发现，应当在培养对环境的自觉和更好的理解中担当主要任务"，"环境的概念包含人类生活的自然建筑和社会等各个方面，因此环境教育将涉及各个学科领域，环境教育的对象包括全体公民"。大会指出：环境教育是一门属于教育范畴的跨学科课程，其目的直接指向问题的解决和当地环境的现实，它涉及普通的和专业的、校内的和校外的所有形式的教育过程。随后在许多发达国家展开了一场广泛深入的环境教育运动，有些国家还颁布了环境教育法，通过法律的途径推动环境教育的开展。

1987年联合国教科文组织在莫斯科召开了国际环境教育培训大会，讨论制定了国际环境教育和培训计划。这项计划从经济、社会、文化、生态、美学等不同角度，全面阐述了环境教育的内涵，倡议将20世纪最后的10年定为"国家环境教育的十年"。1992年召开的联合国环境与发展大会上通过的《21世纪议程》中有一章专门论述环境及环境教育问题，环境教育首次登上世界首脑会议。1999年悉尼环境教育国际会议对环境教育的目标又做了进一步阐述，推动在全世界形成了环境教育的国际热潮。

二、国外环境教育的特点

综观国外环境教育的蓬勃发展，可以看出他们具有以下一些特点：②

（一）环境教育的目标注重系统化

国外的环境教育，尤其是学校的环境教育在实施教育目标方面已形成系统化。早在1989年，英国就发表了《5—16岁环境教育》文件，分小学和中学两个阶段对中小学生开展环境教育制定了具体的目标。在日本，环境教育的目标是非常明确的，具体包括三个方面：一是关心环境问题，正确认识和理解人与人及周围环境之间的关系；二是提高对环境问题的思考力和判断力，掌握解决环境问题的技能；三是从保护环境的立场出发，重新认识自己的生活方式，

---

① 钟启泉主编. 地理教育展望［M］. 上海：华东师范大学出版社，2002.
② 骆清. 论国外环境教育对我国生态文明教育的启示［J］. 中国集体经济，2015（07）.

形成对环境负责任的行为态度。① 日本各学校为了实现这一目标，在开展环境教育时进行了系统的分工：第一阶段是亲近自然教育，教育对象是小学低年级学生；第二阶段是了解自然教育，教育对象是小学高年级和初中生；第三阶段是保护自然教育，教育对象是高中生。澳大利亚政府在把"环境保护"作为第一国策的基础上，高度重视学校的环境教育，从幼儿园一直到大学都将环境教育列为必修课程，环境教育的效果因系统化的实施得到了较好的保证。

（二）环境教育的内容突出针对性

在内容上突出针对性，是当代世界发达国家开展环境教育的一个重要经验。概括来说，主要体现在：第一，善于从个人成长的需要出发，提出对教育对象富有适应性的环境教育内容。美国教育学家克奈尔撰写的《与孩子共享自然》一书专门研究在游戏和活动中怎样开展环境教育。第二，根据社会发展的需要提出新的环境教育内容，针对生态危机的日益严重，注重维护生态平衡和可持续发展理念的教育。例如 2009 年哥本哈根气候大会召开后，发展低碳经济和过低碳生活成为全世界人们共同关注的热点话题。在美国、德国等国家，许多学校就适时地开展了低碳教育，如在学校中普遍推行了旧课本的循环利用，取得了良好的教育效果。② 除此以外，国外在学校环境教育的方法和途径方面，也体现了针对性。针对不同阶段学生学习的特点，许多发达国家都广泛地采用现代化的手段来进行环境教育，通过营造各种在教室和书本上不可能展示的生态情景，从而增加了学生学习的兴趣，提高了环境教育工作的效果。

（三）环境教育的途径趋向综合化

在教育途径上，通过结合网络世界、日常生活来实现综合化是当今国外环境教育发展的大趋势。首先是在学校内部，环境教育的途径已趋向综合化。各国的环境教育，最初主要是通过设置一些专门的课程来进行，现在普遍都注重把环境教育融入学生的各门学科和日常生活之中。如瑞典在现行的义务教育阶段的 16 门课程的国家教学大纲中，有生物、物理、化学等 9 门课程明确规定

---

① 季海菊. 生态德育：国外的发展走向与中国的未来趋势［J］. 南京社会科学，2012（3）.

② 张书磊. 国外环境教育对我国开展生态德育的启示［J］. 思想理论教育，2010（16）.

了环境教育方面的内容要求。其次是许多国家改变了以前单纯依靠学校进行环境教育的做法，注重教育主体的综合化，要求政府、学校、家庭、社区共同担负起相应的教育职责，共同形成一个分工合作的教育网络。如在美国，环境教育的模式已从完全依靠学校慢慢演变为注重通过学校、家长以及社区，利用节假日时间，借助一些庆祝活动、文艺表演甚至宗教仪式等形式来完成。除此以外，环境教育已逐步从书本转向活动，从课堂转向现实生活。如在德国，孩子们的幼儿园都建设得像花园一样美丽，园内有沙地、水池、草坪和各种各样的花草树木，并尽量保持环境的原生状态。孩子们从小在这里就享受到亲近自然的乐趣，同时也得到了良好的生态启蒙教育。这些途径形成了强大的合力，促进了环境教育的效果。

（四）环境教育的方法凸显渗透性

在当代国外学校中日益受到重视的隐性课程，作为一种养成教育的有效形式，在环境教育的实践中也得到了广泛的应用。在注重课堂教育的同时，一些发达国家学校在开展环境教育的过程中，越来越重视发挥隐性课程的渗透性作用，希望通过对学生进行潜移默化的影响来加强环境教育的效果。如英国的学校十分注重通过户外学习来培养学生的环境意识。早在 1979 年，英格兰的各地教育行政部门就设立了 360 多个环境教育基地。[①] 学生在基地通过资料收集、调查研究、知识对比等实践活动，在增长了他们的环境知识的同时，还改变了他们的环境态度，也进一步提高了他们解决环境问题的技能。除此以外，国外的学校还注意利用各种课外、校外活动的机会，组织学生广泛开展形式变化多样、内容丰富有趣的环境教育活动，如围绕与环境有关的社会热点问题举办讲座、召开演讲会、报告会和展览会等，通过开展这些形式多样的实践活动来养成学生爱护环境的良好行为习惯。

（五）环境教育的保障走向法制化

国外发达国家在保障环境教育的实施方面一个成功的经验就是借助完备的立法和严格的执法，这也是当代国外环境教育发展的一个总趋势。世界上最早立法保障环境教育实施的国家是美国，美国从 1970 年开始就制定了《环境教

---

① 程永红. 英国中小学环境教育研究 [D]. 长春：东北师范大学，2006.

育法》《环境教育发展计划》《环境教育和培训计划》等一系列环境教育法规和发展计划，为环境教育的有效实施提供了依据与保障。① 根据需要，美国政府在1990年又重新制定了新的《环境教育法》，对环境教育政策和措施做了更为详细的规定。根据该法令，联邦政府教育署还专门设置了环境教育司。日本、巴伐利亚和俄罗斯等国也都制定了相关行政法规来宣传环保和环境教育。在英、法、德等国家，学校还在制定的各种准则之中融入环境教育的有关内容，如《与学生有关的社会准则》《与环境有关的社会准则》等②，通过严格执行法规与准则，使环境教育的实施得到了有力的保障。

三、国外环境教育的启示

在广泛开展大学生生态文明教育，大力促进生态文明建设的伟大实践中，如何通过比较研究的方法，分析国外环境教育的主要特点，学习借鉴他国的有益经验和成功做法，肯定有助于更好地开展我国的大学生生态文明教育。综观国外环境教育的发展，至少对我国的大学生生态文明教育具有如下一些启示：③

（一）生态文明教育要注意全民性与层次性

国外发达国家的经验表明，重视大学生生态文明教育的关键一方面要体现全民性，另一方面要注意层次性。大学生生态文明教育不应仅仅局限于学校的正规教育，而应成为全民终身教育的一项重要内容。④ 针对我国大学生生态文明教育的现状，首先要注意教育对象的层次性，针对小学、中学、大学（含研究生）的不同学生层次，在保证教育根本目标一致性的基础上，从整体上体现各层次的特殊性，做到各级学校大学生生态文明教育目标的层次化。相应

---

① 王付欣. 发达国家生态道德教育给我们的启示［J］. 北京教育（普教版），2011（1）.

② 余小玲，陈红兵等. 国外环境教育特点及其对我国的启示［J］. 课程教育研究，2013（4）.

③ 骆清. 论国外环境教育对我国生态文明教育的启示［J］. 中国集体经济，2015（07）.

④ 喻包庆. 当代中国生态文明建设的困境及其解决路径——基于人与自然关系的视角［J］. 探索，2013（6）.

的，针对不同年龄阶段、不同知识水平的公民，在大学生生态文明教育的内容上也应注意层次性，确定不同层次的教育内容。同时，在进行全民教育的过程中，应根据不同层次的人采取不同的方式方法。通过不断实现大学生生态文明教育的全民化和层次化，让所有公民在成长的各个阶段都能得到良好的大学生生态文明教育，从而保障大学生生态文明教育的全面推进。

（二）生态文明教育要强调整体性与系统性

国外发达国家的经验表明，营造学校教育、家庭教育、社会教育相衔接的综合教育网络，使大学生生态文明教育在空间上进一步扩大，是大学生生态文明教育取得成效的重要措施。同样，我国的大学生生态文明教育必须从"封闭"走向"开放"，通过建立以学校为主体，以家庭、社区和社会为补充的，既有分工又有合作的教育网络，来实现大学生生态文明教育的综合效应，加强全方位育人的整体合力。同时，还要改变原有大学生生态文明教育随意性、零散性的状况。正如前北大校长周其凤指出的：我国的生态教育应突破知识条块分割，要覆盖到社会的产业结构和消费行为等各领域。[①] 避免学生出现在学校一个样，在家里另一个样，走入社会又是一个样的尴尬情形。

（三）生态文明教育要注重道德约束和法律约束的结合

大学生生态文明教育要强调道德约束和法律约束并举。一方面，生态问题的解决，单纯依靠法律的强制执行是不能实现的，它必须建立在强烈的生态意识的基础之上，依靠公民的道德自律，即以生态伦理来约束自己的行为、以生态伦理来正确地处理人与自然的关系来实现。另一方面，道德规范对公民行为的约束是有限的，单纯依靠道德规范来改变人们在生态文明建设方面的不良行为也是远远不够的。只有把道德约束和法律约束有效结合起来，才能制止公民对待生态环境的不当行为。我们应借鉴发达国家的经验，除了充分发挥党的各类大众传媒在生态文明宣传与舆论引导上的巨大影响力外，还要加强大学生生态文明教育法制建设。建议国家在搞好试点的基础上，先制定一些加强大学生生态文明教育的地方性法规，以便于为全国性的大学生生态文明教育法制建设

---

① 周其凤. 专家学者呼吁：生态教育应成为全民终身教育［EB/OL］. http：//www. gz. xinhuanet. com /2012 - 07 /28 / c_ 112558482. htm. 2012 - 07 - 28.

提供经验。

（四）生态文明教育要促进灌输式教育与体验式教育的融合

在我国传统的思想政治教育中，我们主要是实行灌输式教育，通过专门的课程教学来传授大学生生态文明教育相关的知识和理论。作为一种特定环境下的实践教育，体验式教育则是通过受教育者感受所处的环境，产生相关联的情感反应，在认识上、情感上、思想上逐步形成深刻的体验，从而达到特定的教育目的的一种有效教育方式。体验式教育可以很好地把生态文明理论转化为人们的社会实践，有利于在实践中增长教育对象的生态知识、培养他们的生态情感、提高他们的生态责任感。体验式教育模式在国外的环境教育中已经得到广泛的运用，我国在开展大学生生态文明教育时也应当注意灌输式教育与体验式教育的融合。让教育对象通过参与社会实践，进一步体验到生态危机的严重性，进一步认识到改变生态现状的紧迫性，从而培养生态情感，增强生态意识，自觉养成符合生态文明的行为习惯。

结　语

　　建设生态文明是关系人民福祉、关乎民族未来的大计，既需要美丽的环境作支撑，更需要"美丽"的思想来引领。在高校思想政治教育中加强大学生生态文明教育既是对"建设生态文明"时代要求的积极回应，也是对"生态危机严重"问题倒逼的主动应对，具有重大的理论价值和深远的实践意义。大学生生态文明教育，首先是一种生态文明建设的思想引领活动，同时也是一种生态意识培养的素质提升活动。从长远角度来说，生态文明教育还是一种中华优秀传统文化中生态思想传承的综合教育活动。毋庸置疑，大学生生态文明教育在贯彻五位一体总体布局、坚持人与自然和谐共生、促进人的全面发展等方面具有重要的时代价值。

　　生态文明教育必须以马克思主义生态思想为基本遵循，必然以思想政治教育学科的基本原理和方法理论为理论基础，必要以生态学、生态伦理学等其他相关学科为借鉴。国外环境教育形成的目标注重系统化、内容突出针对性、途径趋向综合化、方法凸显渗透性和保障走向法制化等特点给我国的生态文明教育提供了深刻启示。准确把握当代大学生生态文明素养的现状是搞好大学生生态文明教育的重要基础。通过问卷调查可以看出，社会环境上"GDP"崇拜观念的误导、家庭生活中西方消费主义思想的影响、学校教育里生态文明教育的缺失以及个人修养方面对生态意识培养的忽视等是形成大学生生态文明素养方面"高认同、低认知、践行度不够"现状的原因所在。

　　大学生生态文明教育的目标在于：首先要着力培育大学生的生态危机意识、生态权利意识和生态责任意识，使他们具有强烈的生态文明意识；其次要精心引导大学生自觉求生态文明之"真"，行生态文明之"善"，崇生态文明之"美"，使他们养成文明的生态行为；最后要切实帮助大学生树立尊重自然、顺应自然和保护自然的文明理念，促其生态人格的健全。实现生态意识教育、生态行为教育和生态人格教育三者的有机整合，真正把大学生培养成为现代文明"生态人"。大学生生态文明教育的内容必须以马克思主义生态思想的最新理论成果——习近平生态文明思想为基础，加强以人与自然关系为核心的生态自然观教育、以绿色发展为核心的生态发展观教育、以低碳消费为核心的生态消费观教育、以生态伦理为核心的生态道德观教育和以环境保护为核心的生态法制观教育。

提升大学生生态文明教育的实效性需要在方法论上着力，既要创造性转化以课堂教育为核心的基本方法系列，又要创新性发展以生态体验为重点的特色方法系列。还要在教育途径上通过显性途径的有效继承、隐性途径的不断创新和协同性途径的综合运用来实现有效拓展。大力推进"课程思政"教学改革，将生态文明教育贯穿高校课堂教学全过程，发挥各类课程在生态文明教育中的作用，注意社会化、网络化等隐性途径的创新，通过协同整合和环境优化，来增强大学生生态文明教育的实效。

大学生生态文明教育是我国提出加强生态文明建设后的时代性课题，本书顺应时代需要，从思想政治教育专业角度进行了一些有益探索，取得了一定的研究成果。但由于笔者研究能力方面的不足，以及受到某些客观条件的制约和外部因素的影响，本书还存在着一些不足。比如对生态文明教育的基本内涵的分析尚不够深入；在进行当代大学生生态文明素养现状的调查时，在问卷的设计、样本的选择和数据的分析上都有不足之处；对我国开展大学生生态文明教育的现状、经验、教训等方面的研究还应该更加详细；在研究方法方面，对比较研究法的运用也存在可以改进的地方；在大学生生态文明教育的内容体系的建构以及方法途径的创新等方面也需要进一步探讨。这些缺陷，都需要在以后进一步的研究中加以弥补。作为理论研究的新趋势，思想政治教育研究中实证方法的运用，国内生态文明教育的效果评价研究等刚刚起步，它们也将成为本人未来的研究方向。

恩格斯说："文明是实践的事情，是一种社会品质。"对于正在进行的中国特色社会主义伟大事业来说，我们一定要坚持马克思主义的实践论，让实践成为我们最重要的出发点和落脚点。大学生生态文明教育同样来自伟大的中国特色社会主义实践，必须紧跟新时代前进的步伐，在国家有关政策的大力支持下，在更多学者的积极关注和参与下，形成社会合力不断推进其创新发展，为中国的生态文明建设实践提供强力支撑。

参考文献

一、经典著作

[1]中共中央马克思、恩格斯、列宁、斯大林著作编译局.马克思恩格斯选集(1-4卷)[M].北京:人民出版社,2012.

[2]中共中央文献编辑委员会编辑.毛泽东选集(1-4卷)[M].北京:人民出版社,1991.

[3]中共中央文献编辑委员会编辑.邓小平文选(1-3卷)[M].北京:人民出版社,1993/1994.

[4]中共中央文献编辑委员会编辑.江泽民文选(1-3卷)[M].北京:人民出版社,2006.

[5]中共中央文献编辑委员会编辑.胡锦涛文选(1-3卷)[M].北京:人民出版社,2016.

[6]中共中央文献研究室.十八大以来重要文献选编(上、中)[M].北京:中央文献出版社,2014/2016.

[7]习近平.决胜全面建成小康社会夺取新时代中国特色社会主义伟大胜利[N].人民日报,2017-10-28.

[8]中共中央文献研究室,中国外文局.习近平谈治国理政[M].北京:外文出版社,2014.

[9]中共中央宣传部.习近平总书记系列重要讲话读本[M].北京:学习出版社/人民出版社,2016.

[10]中共中央文献研究室编.习近平关于社会主义生态文明建设论述摘编[M].北京:中央文献出版社,2017.

二、中文著作

[1] [美]菲利普·克莱顿,贾斯廷·海因泽克.有机马克思主义——生态灾难与资本主义的替代选择[M].孟献丽,于桂凤,张丽霞,译.北京:人民出版社,2015.

[2] [美]雷切尔·卡逊.寂静的春天[M].吕瑞兰,李长生,译.上海:上海译文出版社,2008.

[3] [美]菲利普·克莱顿,贾斯廷·海因泽克.有机马克思主义———生态灾难与资本主义的替代选择[M].孟献丽,等,译.北京:人民出版社,2015.

[4] 吴潜涛.思想理论教育热点问题[M].北京:高等教育出版社,2006.

[5] 刘建军,曹一建.思想理论教育原理新探[M].北京:高等教育出版社,2006.

[6] 王易.当代大学生价值观调查报告[M].北京:中共党史出版社,2008.

[7] 骆郁廷.思想政治教育原理与方法[M].北京:高等教育出版社,2010.

[8] 沈壮海.思想政治教育有效性研究[M].武汉:武汉大学出版社,2008.

[9] 佘双好.大学生思想政治教育研究方法[M].北京:高等教育出版社,2010.

[10] 郑永廷.思想政治教育方法论(修订版)[M].北京:高等教育出版社,2010.

[11] 李辉.现代思想政治教育环境研究[M].广州:广东人民出版社,2005.

[12] 陈秉公.思想政治教育学基础理论研究[M].长春:吉林大学出版社,2007.

[13] 邱伟光.思想政治教育学概论[M].天津:天津人民出版社,1988.

[14] 张澍军.高校学生思想政治教育载体研究[M].北京:北京出版社,1999.

[15] 杨晓慧.社会主义核心价值体系融入大学生思想政治教育全过程的基本问题研究[M].北京:人民出版社,2011.

[16] 黄蓉生.当代思想政治教育方法论研究[M].重庆:西南师范大学出版社,2000.

[17] 陈万柏,张耀灿.思想政治教育学原理[M].北京:高等教育出版

社,2011.

[18] 张耀灿.现代思想政治教育学[M].北京:人民出版社,2006.

[19] 万美容.思想政治教育方法发展研究[M].北京:中国社会科学出版社,2008.

[20] 王瑞荪.比较思想政治教育学[M].北京:高等教育出版社,2001.

[21] 曾长秋,薄明华.网络德育学[M].长沙:湖南科学技术出版社,2005.

[22] 胡凯.现代思想政治教育心理研究[M].长沙:湖南人民出版社,2009.

[23] 徐建军.大学生思想政治教育前沿[M].长沙:湖南人民出版社,2009.

[24] 刘新庚.现代思想政治教育方法论[M].北京:人民出版社,2008.

[25] 余谋昌.生态文明论[M].北京:中央编译出版社,2010.

[26] 蒙秋明,李浩.大学生生态文明观教育与生态文明建设[M].成都:西南交通大学出版社,2010.

[27] 李世书.生态学马克思主义的自然观研究[M].北京:中央编译出版社,2010.

[28] 刘湘溶.生态文明:人类可持续发展的必由之路[M].长沙:湖南师范大学出版社,2003.

[29] 沈国权.思想政治教育环境论[M].上海:复旦大学出版社,2002.

[30] 冯刚.高校思想政治教育创新发展研究[M].北京:中国人民大学出版社,2009.

三、中文期刊

[1] 王嘉雨.生态文明视域下高校思想政治教育的创新与实践——评《生态文明建设思想研究》[J].水利水电技术,2020(06).

[2] 王逢博.基于"美丽中国"理念的高校生态文明教育[J].学校党建与思想教育,2020(04).

[3] 王然,孙栩娴,成金华,齐睿.高校生态文明教育对大学生垃圾分类行为的影响——基于全国152所高校的实证研究[J].干旱区资源与环境,2020(05).

[4] 盛杨,韦庆昱.生态文明视野下高校思想政治教育创新——评《大学生生态文明建设教程》[J].环境工程,2020(01).

［5］胡健,杨建国.高校生态文明教育的现实之困与化解之路［J］.中国高等教育,2019(22).

［6］王程程.高校生态文明教育发展方向探索——以现代环境伦理观为视角［J］.人民论坛·学术前沿,2019(21).

［7］孙玉涵,吴鹏.高校生态文明教育的困境与对策——评《中国生态文明教育研究》［J］.生态经济,2019(10).

［8］卢志坚,李美俊,孟宣辰.高校生态文明教育对大学生绿色行为的影响分析——以上海为例［J］.干旱区资源与环境,2019(12).

［9］任美娜,张兴海.破解我国高校生态文明教育的困境［J］.人民论坛,2019(24).

［10］侯利军,付书朋.高校生态文明教育研究［J］.学校党建与思想教育,2019(14).

［11］成永军,刘媛媛."两山"理论视域下大学生生态文明教育路径探析［J］.林产工业,2019(06).

［12］邬晓燕.高校生态文明教育:现实难题与路径探索［J］.人民论坛·学术前沿,2019(07).

［13］刘志坚.新时代高校生态文明教育的制度体系探析［J］.广西社会科学,2019(03).

［14］姜江.新媒体下高校生态文明教育机制创新的路径研究［J］.当代教育论坛,2019(01).

［15］黄志海.高校生态文明教育现状及对策探究［J］.广西社会科学,2018(12).

［16］唐华,林爱菊.高校思想政治教育生态价值的实现路径［J］.教育理论与实践,2018(24).

［17］高校生态文明教育研讨会在天津召开［J］.中国高教研究,2018(07).

［18］杨美勤,唐鸣.生态文明视阈下高校生态教育的转型路径［J］.广西社会科学,2017(09).

［19］李杨,李雪玉,何桂云.大学生生态文明素养教育现状研究——基于吉林省高校样本的调查与分析［J］.黑龙江高教研究,2018(02).

［20］余吉安,陈建成.促进高等院校绿色教育的思考［J］.国家教育行政学

院学报,2017(11).

四、学位论文

［1］李俊玲.大学生马克思主义生态观教育研究［D］.辽宁大学,2019.

［2］朱冬香.当代大学生马克思主义生态观教育研究［D］.北京交通大学,2019.

［3］裴艳丽.大学生生态文明观教育研究［D］.武汉大学,2018.

［4］范梦.思想政治教育视野下大学生生态文明教育［D］.中国矿业大学（北京）,2017.

［5］王甲旬.生态文明教育的新媒体途径研究［D］.中国地质大学,2016.

［6］姜帅.大学生生态道德教育研究［D］.辽宁大学,2015.

五、外文文献

［1］Browning Grame. Electronic Democracy：Using the Internet to Transform American Politics,2nd ed.［M］. Magill：Independent Pub Goup,2000.

［2］Karline Soetaert,Peter M. J. and Herman. A Practical Guide to Ecological Modelling：Using R as a Simulation Platform［M］. Berlin：Springer,2008.

［3］Marina Alberti. Advances in Urban Ecology：Integrating Humans and Ecological Processes in Urban Ecosystems［M］. Berlin：Springer,2008.

［4］Tadeusz Aniszewski. Alkaloids – Secrets of Life：Alkaloid Chemistry,Biological Significance, Applications and Ecological Role［M］. Amsterdam：Elsevier Science,2007.

［5］Nico M.. van Straalen and Dick Roelofs, Introduction to Ecological Genomics［M］. Oxford：Oxford University Press,2006.

［6］Herman E. Daly ,Joshua Farley. Ecological Economics：Principles And Applications［M］. Washington：Island Press,2003.

［7］Luca Tacconi. Biodiversity and Ecological Economics Participatory Approaches to Resource Management［M］. London：Earthscan Publications Ltd. ,2001.

［8］David Pimentel,Laura Westra and Reed F. Noss. Ecological Integrity：Integrating Environment, Conservation and Health ［M］. Washington：Island

Press,2000.

[9] Zang Lei andZhang Dayong. Relationship between Ecological Civilization and Balanced Population Development in China[J]. Energy Procedia,2011(5).

[10] Steven L. Death and the ecological crisis[J]. Agriculture and Human Values,2010 (1).

附录一 大学生生态文明素养现状调查问卷

亲爱的同学：

　　非常感谢您对本次调查的积极配合！您的宝贵意见和建议将会推进高校生态文明建设相关工作的开展。请您根据实际情况，选择适合您的答案。您的答案具有不可替代的意义。本次调查采用不记名方式，您的回答只用于统计分析，不存在好坏之分。非常感谢您能在百忙之中接受我们的访问！

　　1. 您所在的年级　（　　　　）

　　A. 大一　　　　B. 大二　　　C. 大三　　　D. 大四

　　2 您的性别　（　　　　）

　　A. 男　　　　　B . 女

　　3. 您来自　（　　　　）

　　A. 城市　　　　B. 农村

　　4. 您是否关心生态环境保护方面的问题？（　　　　　）

　　A. 非常关心　　B. 比较关心　　C. 一般

　　D. 不关心　　　E. 很不关心

　　5. 你知道"世界环境日"是哪一天吗？（　　　　）

　　A. 3 月 22 日　　B. 3 月 28 日　　C. 4 月 22 日　　D. 6 月 5 日

　　6. 您对温室效应了解多少？（　　　　）

　　A. 很了解　　B. 一般　　C. 不太了解　　D. 完全不了解

　　7. 你对当前地球的生态环境状况态度如何？（　　　　）

　　A. 我不受害则与我无关　　B. 没什么可担忧　　C. 十分担忧

　　8. 您怎么看待人与自然的关系？（　　　　）

　　A. 最大限度地利用自然，使自然完全为人类服务

B. 人类在保护自然的情况下，有制度、有规划地利用自然

C. 人类与自然互不相干，我们人类不去利用它也不要去伤害它

9. 当您使用一次性筷子时，你会意识到制造它需要砍伐很多树木吗？

（　　　）

A. 会　　B. 不会　　C. 有时会，但不经常

10. 当您使用塑料袋时，是否意识到塑料袋对环境的危害很严重？

（　　　）

A. 是　　　B. 否　　C. 有时会，但不经常

11. 你对于平常的生活垃圾有分类吗？（　　　）

A. 有　　B. 偶尔有　　C. 从来没有

12. 你有使用一次性餐具或塑料袋吗？（　　　）

A. 经常用　　B. 偶尔用　　C. 从来不用

13. 当你需要扔垃圾，但周围没有垃圾桶时，你会：（　　　）

A. 随便扔掉　　B. 先拿着，看到垃圾桶再扔

14. 您是否参与过类似植树节、保护母亲河这样的生态环境活动？

（　　　）

A. 经常　　B. 从来没有　　C. 有时　　D. 一两次

15. 您所在的学校开设有生态或环境保护教育的课程吗？（　　　）

A. 有　　　B. 没有

16. 您觉得学校有必要开设生态与环境保护教育的相关课程吗？

（　　　）

A. 有必要　　B. 没有必要　　C. 无所谓

17. 当您发现有破坏生态的行为而对方又不听劝阻时，会运用法律武器保护环境吗？（　　　）

A. 完全不会　　B. 不太会　　C. 会　　D. 一定会

18. 您觉得您所处的环境中下面生态环境破坏的种类中哪种对您的生活影响最大？（　　　）

A. 噪音污染　　B. 水污染　　C. 大气污染　　D. 固体垃圾污染

19. 您对我们的母亲河——湘江的水质满意吗？（　　　）

A. 很满意　　B. 比较满意　　C. 不满意　　D. 很不满意

20. 您参加过保护母亲河或岳麓山环境的活动吗？（   ）

A. 是   B. 否

21. 您在湘江河边或岳麓山游玩时，是否曾经有过随手丢弃垃圾等破坏生态的行为？

A. 从来没有过   B. 偶尔   C. 经常   D. 不记得

22. 你是否乐意参加到保护母亲河的活动中，为生态保护事业尽一份责任？（   ）

A. 很乐意   B. 不愿意

C. 无所谓，有安排参加也可以   D. 其他

23. 您目前最关注的生态问题是什么？（   ）［多选］

A. 土地沙漠化

B. 空气污染

C. 严重水资源破坏，水污染

D. 全球气候变暖

E. 野生动植物遭受灭绝

F. 其他：

24. 您认为面对越来越严重的生态破坏，最有效的保护措施是：

（   ）［多选］

A. 提高人们的生态环境保护意识使大家自觉维护

B. 政府加大宣传和资金扶持力度

C. 专业部门采取积极的措施来防治和治理生态的破坏

D. 制定严厉的法律来防治

E. 加大经济惩罚力度

F. 其他：

25. 您认为要提高大学生的生态文明素养和践行能力，最有效的举措是：

（   ）［多选］

A. 增加生态文明相关教育课程

B. 通过参与生态环保社团组织感触

C. 加大校园生态环保监管和奖惩力度

D. 通过多种形式宣传教育

E. 通过良好的人文环境和生态环境感化

F. 其他：

26. 请您对提升大学生生态文明素养献计献策：

附录二 习近平关于青年工作的重要论述

大学生生态文明教育作为中国特色社会主义高校思想政治教育的有机组成部分，必须以思想政治教育学科的基本原理和方法理论作为理论基础。在新时代，认真学习和践行习近平关于青年工作的重要论述是搞好高校思想政治教育的必然要求。习近平一直高度重视青年工作，相关的讲话论述和批示信件等内涵丰富，形成了既有继承又有发展的习近平关于青年工作的重要论述。① 学界对习近平关于青年工作重要论述的研究成果是比较丰富的，但是大多是围绕习近平的重要论述进行解读，缺乏从理论高度对这些论述进行逻辑梳理，不可避免地存在着就事论事、面面俱到、泛泛而谈的不足。如何深入分析其作为一个思想体系的科学内涵，抽象出其所蕴含的理论内核，从而加强对习近平关于青年工作重要论述的整体性认识，把它上升为行动指南和重要遵循，对于做好我们党和国家新时代的青年工作具有十分重要的理论价值和实践意义。

一、习近平关于青年工作重要论述的科学内涵

在不同的时间和场合，习近平围绕"青年"这一主题的讲话论述和批示信件很多，习近平关于青年工作的重要论述可以在理论上归纳为以下四个方面：

（一）青年地位观

为什么习近平这么重视青年工作呢？这是因为他站在党和国家领导人的高度对青年在国家发展和民族存续中所处的地位有着深刻的认识。作为一个国家和民族而言，人是最重要的因素，其中青年又是人群中最为核心的部分。习近

---

① 骆清．习近平关于青年工作的重要思想的科学内涵与实践要求［J］．广西青年干部学院学报，2019，（06）：6－9.

平认为青年人朝气蓬勃，他们是人类社会最富有活力的群体，也是人类文明最具有创造性的来源，青年人承载着我们对未来的期望。① 正如梁启超在《少年中国说》中所揭示的那样，只有青年兴才有国家兴，只有青年强才会国家强。习近平在十九大报告中号召全党要特别关心和爱护广大青年，因为他深刻认识到只有我们的青年一代有理想、有本领、有担当，我们伟大的国家才会有前途，我们光荣的民族才会有希望，激励我们继往开来不断前进的中华民族伟大复兴的中国梦，也只有在一代又一代中国青年的接力奋斗中才能变为现实。② 青年是社会的中坚力量，是建设社会主义现代化强国的生力军。这些相关论述集中体现了习近平以代表民族未来为核心的青年地位观，是其青年思想的理论基石。

（二）青年成才观

我们应该培养什么样的青年呢？习近平在党的十九大报告中提出的青年成才标准就是"有理想、有本领、有担当"。首先，习近平特别强调青年一代最为重要的是要有理想，他把理想信念比作精神之"钙"，认为一个人尤其是正在成长中的青年，如果理想信念不坚定，精神上就会'缺钙'，就会得'软骨病'，就不可能行得正站得稳。③ 习近平还用"扣好人生的第一粒扣子"来形象地指出，一个人在青年时期树立正确的理想信念是多么重要。其次，习近平也强调青年一代要有本领，他告诫广大青年要"既刻苦钻研理论又积极掌握技能，不断提高与时代发展和事业要求相适应的素质和能力"④ 因为他从自身成长的经历出发，相信"社会主义都是干出来的"。建设社会主义现代化强国，需要各行各业的优秀人才，青年人必须有实实在在的本领才能肩负起这一历史重任。再次，习近平还强调青年一代要有担当，他提出："广大青年对五四运

---

① 习近平. 在知识分子、劳动模范、青年代表座谈会上的讲话 [N]. 人民日报，2016 – 04 – 30 (2).

② 习近平. 决胜全面建成小康社会 夺取新时代中国特色社会主义伟大胜利——在中国共产党第十九次全国代表大会上的报告 [N]. 人民日报，2017 – 10 – 28 (1).

③ 习近平. 在党的群众路线教育实践活动第一批总结暨第二批部署会议上的讲话 [N]. 人民日报，2014 – 01 – 21 (1).

④ 习近平. 在同各界优秀青年代表座谈时的讲话 [N]. 人民日报，2013 – 05 – 05 (2).

动的最好纪念，就是在党的领导下，勇做走在时代前列的奋进者、开拓者、奉献者……"。① 他认为每一代人都有不同的时代背景和历史责任，作为青年一代，只有在实现中华民族伟大复兴的接力奋斗中勇于担当时代赋予的历史使命，才能实现自身的历史价值。这些相关论述集中体现了习近平以培养"三有"青年为核心的青年成才观，是其青年思想的建构标准。

（三）青年教育观

怎样去培养我们的青年呢？习近平认为应该以"培养担当民族复兴大任的时代新人"为目标导向，全面加强针对青年群体的思想政治教育。一方面要加强对青年的理想信念教育，在习近平看来，只有把握好马克思主义世界观和人生观这个总开关，广大青年才能树立实现中国特色社会主义共同理想的信念和信心，也才能在不断放飞青春梦想的同时实现个人的社会价值。必须通过循序渐进的理想信念教育来不断培育下一代对我们道路、制度、理论和文化的"四个自信"，让青年在成长的过程中产生不竭的动力，在前进的道路上坚持正确的方向。另一方面要突出社会主义核心价值观在青年群体中的培育和践行，习近平认为，抓好青年时期的价值观养成对青年个人和社会整体都十分重要，因为青年一代的价值取向将决定整个社会在未来一段时间的价值取向。② 他在谈到"立德树人"这个教育的根本任务时强调，我们各级各类教育要立的"德"就是社会主义核心价值观，而不是其他的什么道德；认为我们各级各类学校要树的"人"就是社会主义事业的接班人，而不是旁观者，更不是反对派。除此之外，习近平还非常重视对青年一代进行我国传统文化教育，他指出，中华民族要继续前进，就必须注重历史根基，根据特定的时代条件，继承和弘扬我们的民族精神和优秀文化③。如果我们不能培养青年一代的民族自豪和文化自信，就根本谈不上民族的伟大复兴。这些相关论述集中体现了习近平以造就时代新人为核心的青年教育观，是其青年思想的目标导向。

---

① 习近平. 青年要自觉践行社会主义核心价值观 ［N］. 人民日报, 2014 - 05 - 05 (2).

② 习近平. 青年要自觉践行社会主义核心价值观 ［N］. 人民日报, 2014 - 05 - 05 (2).

③ 习近平. 从小积极培育和践行社会主义核心价值观 ［N］. 人民日报, 2014 - 05 - 31 (2).

（四）青年工作观

如何有效开展我们的青年工作呢？习近平指出："各级党委和政府要充分信任青年、热情关心青年、严格要求青年……"① 从党和国家的层面来讲，青年工作是政治工作的重要领域，关系到我们的伟大事业是否后继有人，关系到我们的伟大梦想能否实现，是事关国家发展和民族复兴大局的"未来工程"。从青年个人的层面来讲，青年工作是社会工作的重要方面，关系到青年个人的成长成才，关系到社会个体的生存发展，是社会大众和所有家庭普遍关注的"民心工程"。② 习近平指出，各级党委必须坚持和加强党对青年工作的领导，用制度保障形成各部门各方面齐抓共管的青年工作格局。在青年工作中，只有加强党的领导，才能正确回答广大青年在学习生活和社会实践中所遇到的各种困惑，才能有效解决青年群体在个人发展中面临的一些困难，真正为他们实现人生梦想创造机会提供帮助。只有加强党的领导，才能切实保证青年工作的正确方向，才能有效实现青年工作的政治目标，真正培养出社会主义伟大事业的建设者和接班人。这些相关论述集中体现了习近平以加强党的领导为核心的青年工作观，是其青年思想的实践准则。

二、习近平关于青年工作重要论述的实践要求

把习近平关于青年工作的重要论述作为我们党和国家新时代青年工作的行动指南和重要遵循，要求我们在具体实践中重视以下几方面：

（一）着眼未来重视青年工作

践行习近平关于青年工作重要论述中的青年地位观要求我们站在国家民族大局的高度更加自觉地重视青年工作，关心青年的成长。一是要从历史传承的角度充分认识到青年群体的作用。要看到，中国梦既是历史的，流淌在华夏民族血液里生生不息的传承中；也是现实的，扎根在社会主义改革与建设的伟大实践中；它更是指向未来的，包含在我们对美好将来的向往和不懈追求中。要

---

① 习近平. 在同各界优秀青年代表座谈时的讲话 [N]. 人民日报，2013 - 05 - 05 (2).

② 胡洪彬. 习近平青年观的五重新境界 [J]. 五邑大学学报（社会科学版），2015，17 (02).

看到，中国梦既是属于我们这一代的，需要全国人民齐心协力共同奋斗；更是属于青年一代的，需要接力者前仆后继久久为功。只有培养出一代代社会主义事业的建设者和接班人，我们梦寐以求的中华民族伟大复兴才有实现的可能。二是要从时代发展的角度充分认识到青年群体的作用。要看到，每一代青年都面临着不同的时代际遇，他们谋划人生、书写历史都离不开具体的时代条件。要看到，青年是社会中最新鲜的血液、最活跃的群体，是反映各个时代风云变幻最灵敏的晴雨表。青年代表着时代前进的方向，是开启新征程的先锋队。每个时代所面临的历史责任最终都应该由青年来担当，任何时代所独有的光荣也必将由青年来承载。青年代表着所有国家的前途和每个民族的未来，任何时候都应该是党和国家高度重视大力投入的工作领域。

（二）多措并举促进青年成才

践行习近平关于青年工作重要论述中的青年成才观要求我们树立正确的青年人才观念和开拓科学的青年成长途径。一是要坚持德才兼备的标准强调青年人才的又红又专，反对那种过分注重业务能力忽视思想素质的人才培养方式，把政治可靠放在比业务过硬更重要的位置来选人用人。二是要强调把参与社会实践作为锻炼青年成长的主要途径。以问题为导向，紧密结合广大青年的学习、工作与生活实际，通过有目的有计划地组织青年参加一些社会实践活动，例如在社区和农村开展广泛的社会调研、结合所学专业知识进行的实习实践、利用周末空余时间担任的社会兼职工作、青年志愿者协会组织的公益活动等来促进青年的健康成长和全面发展。让广大青年通过社会实践，掌握真实本领和扎实知识，努力成为可堪大用、能但重任的民族栋梁之材。[①] 只有这样才能让青年一代真正成长为既有远大理想又有实干本领，确实能担当民族复兴大任的接班人。

（三）遵循规律加强青年教育

践行习近平关于青年工作重要论述中的青年教育观要求我们既要完善青年教育的内容也要改进青年教育的方法。一是要理直气壮突出青年教育的政治

---

① 习近平谈治国理政［M］．北京：外文出版社，2014：51．

性，真正把立德树人作为一切教育的首要任务。① 二是要与时俱进体现青年教育的时代性。虽然善于进行思想政治工作是我党的传统优势，但也不能因循守旧一成不变，而要因事而化、因时而进、因势而新。在网络技术高速发展的信息社会，要学会运用新媒体新技术使青年教育工作活起来，实现思想政治工作传统优势同信息技术的高度融合和有机协同。只有根据时代的变迁来加强针对性才能保证青年教育的实效性。三是要润物无声凸显青年教育的民族性，让中华民族优秀的传统文化为青年一代提供不断前进的正能量。四是要高度自觉遵循青年教育的规律性。正如习近平所言，好的青年教育应该像盐，虽然盐对人体是必需品，但也不能光着吃，最好的方式是将盐溶解到各种食物中作为调味剂自然而然地被吸收。只有自觉遵循青年教育的内在规律，才能发挥显性教育和隐性教育的协同作用提升青年教育的实效。

（四）毫不动摇坚持党的领导

践行习近平关于青年工作重要论述中的青年工作观要求我们既要坚持党对青年工作的领导也要改善党对青年工作的领导。一方面，青年工作实质是培养下一代的工作，关系到到底为谁培养人、具体培养什么样的人以及应该怎样培养人的重大问题，我们党作为领导中国特色社会主义事业的执政党，必须牢牢掌握青年工作的主导权，必须坚持以马克思主义为指导开展青年工作，必须坚持正确的青年工作政治方向，必须坚持不懈在青年中传播马克思主义科学理论。另一方面，青年工作从根本上来说就是做人的工作，必须以青年为中心，紧紧围绕青年的生活实际，通过关照青年的学习和工作，来服务青年的健康成长和全面发展。各级党组织要加强对同级共青团的指导，充分发挥其作为党联系青年群体的桥梁与纽带作用，不断加强同广大青年的联系，真正帮助青年解决成长中的各种问题，从而树立其在青年群体中的主导地位，保证党的意图在青年工作中的有效实现。各级党组织还要加强青年模范人物的选树工作，把他们培养成广大青少年学习的榜样，充分发挥他们的带动作用，让他们成为党开展青年工作的得力助手。

习近平关于青年工作的重要论述是我党在新时代继承和发展马克思主义青

---

① 骆清，刘新庚. 习近平青年教育思想的理论特色与现实践履 ［J］. 当代青年研究，2018（1）.

年理论的最新成果，其中包含的科学内涵既联系紧密又结构严谨，形成了一个完整的思想体系。正是因为深刻认识到青年代表着国家的希望和民族的未来，所以习近平特别强调要培养"有理想、有本领、有担当"的"三有"青年，通过在青年中全面加强理想信念教育、大力培育社会主义核心价值观和广泛弘扬优秀传统文化来造就担当民族复兴大任的时代新人，并且把加强党的领导作为青年工作的实践准则。习近平关于青年工作的重要论述内涵丰富博大精深，既有理论创新价值又有实践指导意义，是我们党和国家在新时代开展青年工作的重要遵循和行动指南，需要我们深刻领会并努力践行。

三、习近平关于青年教育的重要思想的理论特色

习近平关于青年教育的重要思想作为习近平新时代中国特色社会主义思想包含的重要内容，体现了马克思主义青年理论中国化的最新成果。① 对习近平关于青年教育的重要思想进行全面梳理，系统分析深入把握其理论特色，有助于丰富和发展马克思主义青年理论，有助于推动我党当前的青年工作，促进广大青年健康成长和全面发展。习近平关于青年教育的重要思想的理论特色主要体现在以下几个方面：

（一）鲜明的政治性是习近平关于青年教育的重要思想的本质特征

习近平作为当代杰出的政治家，继承中国共产党的优良传统，一直高度重视青年工作和青年教育问题。他多次指出：青年是国家的未来，民族的希望。青年兴则国家兴，青年强则国家强。他认为青年人朝气蓬勃，是全社会最富有活力、最具有创造性的群体，对青年群体寄予很大的期望。② 当然，习近平对青年教育的重视不是泛泛而谈的，他最注重的还是如何把青年一代培养成为中华民族伟大复兴事业的接班人。习近平 2017 年 10 月 30 日会见清华大学经济管理学院顾问委员会海外委员和中方企业家委员时指出：培养人才，根本要依靠教育。教育就是要培养中国特色社会主义事业的建设者和接班人，而不是旁

---

① 骆清，刘新庚. 习近平青年教育思想的理论特色与现实践履［J］. 当代青年研究，2018（01）.

② 习近平. 在知识分子、劳动模范、青年代表座谈会上的讲话［N］. 人民日报，2016 – 04 – 30（2）.

观者和反对派。由此可见，在青年教育和人才培养方面，习近平视其为重大的政治任务和战略工程，突出强调政治方向上的正确性，具有鲜明的政治性特征。

首先，习近平特别重视青年的理想信念教育，他将理想信念比作人的精神之"钙"，认为"理想信念不坚定，精神上就会'缺钙'，就会得'软骨病'。"① 习近平形象地指出，青年时期树立的理想信念就像衣服上的扣子，人生的扣子从一开始就要扣好，如果第一颗扣子扣错了，其他所有的扣子都会扣不对。他一再强调，要教育引导广大青年从我们党探索中国特色社会主义的历史发展和伟大实践中，正确认识和把握人类社会发展的历史必然性，正确认识和把握中国特色社会主义的历史必然性，不断树立为共产主义远大理想和中国特色社会主义共同理想而奋斗的信念和信心。只有这样，青年在成长的过程中才会产生不竭的动力，在前进的道路上才能坚持正确的方向。其次，习近平高度重视对广大青年的社会主义核心价值观教育，他认为："青年的价值取向决定了未来整个社会的价值取向，抓好这一时期的价值观养成十分重要。"② 社会主义核心价值观在青年群体中的培育和践行，不是一时之计，必须久久为功。自从党的十八大把"立德树人"确定为教育的根本任务，习近平在多个场合对"立德树人"作出阐述，他指出立什么"德"，树什么"人"是关系到确保中国特色社会主义事业后继有人的大事，我们教育要立的"德"就是社会主义核心价值观，要树的"人"就是社会主义事业接班人，所以必须把"立德树人"作为我们党和国家的教育方针。

（二）强烈的时代性是习近平关于青年教育的重要思想的重要特征

任何思想都是时代的产物，并随着时代的变化而不断发展。习近平高度评价青年群体在时代发展中的作用，他认为青年是灵敏反映各个时代的晴雨表，青年永远是时代的先锋，每个时代的责任应赋予青年，任何时代的光荣都属于青年。习近平强调每一代青年都有自己的时代际遇和机缘，都要在自己所处的

① 习近平. 在党的群众路线教育实践活动第一批总结暨第二批部署会议上的讲话 [N]. 人民日报，2014 - 01 - 21 (1).

② 习近平. 青年要自觉践行社会主义核心价值观 [N]. 人民日报，2014 - 05 - 05 (2).

时代条件下谋划人生、创造历史。他告诫广大青年要"既刻苦钻研理论又积极掌握技能,不断提高与时代发展和事业要求相适应的素质和能力"① 习近平在2014年同北京大学师生纪念五四运动座谈时强调:"广大青年对五四运动的最好纪念,就是在党的领导下,勇做走在时代前列的奋进者、开拓者、奉献者,……让五四精神放射出更加夺目的时代光芒"。② 习近平关于青年教育的重要思想紧扣当今和平与发展的时代主题,体现了当代中国青年的鲜明特点,反映了当代中国青年的生动实践,具有强烈的时代性特征。

习近平认为,青年教育的方法也要注意与时俱进,他在全国宣传思想工作会议上指出:"今天,宣传思想工作的社会条件已大不一样了,我们有些做法过去有效,现在未必有效;有些过去不合时宜,现在却势在必行;有些过去不可逾越,现在则需要突破。"③ 习近平认为,从党和国家的层面来讲,青年教育工作是关系到为谁培养人、培养什么样的人、怎样培养人的问题;从青年个人发展的层面来讲,青年教育工作是为青年解答人生应该在哪用力、对谁用情、如何用心、做什么样的人的过程,要能够回答广大青年在学习生活和社会实践中所遇到的各种真实困惑。为此他强调:"做好高校思想政治工作要因事而化、因时而进、因势而新。要运用新媒体新技术使工作活起来,推动思想政治工作传统优势同信息技术高度融合,增强时代感和吸引力。"只有如此,才能根据时代的情势变迁来与青年在思想上取得沟通和交流,青年教育才会有实效。

(三) 浓厚的民族性是习近平关于青年教育的重要思想的显著特征

习近平极为强调优秀传统文化在国家软实力建构中的作用,高度重视对广大青年进行中华优秀传统文化教育。与以往相比,在中国特色社会主义的文化建设方面,党的十八大以来的最显著的特征就在于更加强调文化自信,突出了中国优秀传统文化的民族底色。习近平认为,"中华民族要继续前进,就必须

---

① 习近平. 在同各界优秀青年代表座谈时的讲话 [N]. 人民日报, 2013 - 05 - 05 (2).

② 习近平. 青年要自觉践行社会主义核心价值观 [N]. 人民日报, 2014 - 05 - 05 (2).

③ 中共中央文献研究室. 习近平关于全面深化改革论述摘编——在全国宣传思想工作会议上的讲话 [M]. 北京:中央文献出版社, 2014: 90.

根据时代条件，继承和弘扬民族精神和优秀文化"。① 没有对伟大民族文明的继承和发展，没有对优秀传统文化的弘扬和繁荣，就丧失了中国梦实现的历史根基。习近平强调，应从青少年抓起，将弘扬中华优秀传统文化作为青少年群体教育的一项主要内容。他反对删减中小学课本中的古诗文，认为在全球化的浪潮中，我们的青年教育尤其要体现本民族的特色。

习近平认为，怎样看待中华民族的传统文化，关系到能不能在青年中树立本民族的文化自信，关系到能不能依靠青年代代接力实现民族的伟大复兴。习近平2016年在全国哲学社会科学工作座谈会上的讲话中指出，要坚定对中国特色社会主义的道路自信、理论自信和制度自信，说到底是要坚持文化自信，因为文化自信是更基础、更广泛、更深厚的自信。树立文化自信是实现民族复兴的精神支柱，需要在社会活动中逐渐形成对本民族文化的高度认同，同时在与其他民族文化的比较中不断获得自豪感。在全面对外开放的时代境遇中，中西文化交流不断加强，各种思想以多元化的方式呈现，只有紧紧抓住传统文化这个根本，牢牢把握青年教育的民族性特色，才不会在各种交流交锋交融中迷失自我。

（四）突出的实践性是习近平关于青年教育的重要思想的根本特征

马克思主义认为，实践性是一切科学理论的根本品质，因为所有的理论来源于实践并服务于实践，理论是否科学还需要接受实践的检验。习近平关于青年教育的重要思想同样体现了马克思主义的这些原理，具有突出的实践性特征。习近平关于青年教育的重要思想直接来源于实践，回答了青年教育工作中的一系列重大问题，同时在实践中经受检验并不断发展。他殷切希望广大青年在信念坚定志存高远的同时，更注重脚踏实地真做实干。"在改革开放和社会主义现代化建设的大熔炉里，在社会的大学校里，掌握真才实学，增益其所不能，努力成为可堪大用、能担重任的栋梁之材"。② 他强调"空谈误国、实干兴邦"，鼓励广大青年在实现中国梦的生动实践中放飞自己的青春梦想，在为人民利益的不懈奋斗中书写美丽的人生华章！

---

① 习近平.从小积极培育和践行社会主义核心价值观［N］.人民日报，2014 - 05 - 31 (2).

② 习近平谈治国理政［M］.北京：外文出版社，2014：51.

习近平十分强调积极参加社会实践在青年教育中的重要地位。他在同各界优秀青年代表座谈时指出："要在广大青少年中深入开展'我的中国梦'主题教育实践活动……让更多青少年敢于有梦、勇于追梦、勤于圆梦，让每个青少年都为实现中国梦增添强大青春能量。"① 作为一个从基层一步一步走上重要岗位，有着丰富工作经验的领导人，习近平将基层看成是青年人才磨炼自身的"练兵场"，相信"宰相必起于州郡，猛将必发于卒伍"的人才成长规律。他指出，各行各业的有志青年，尤其是优秀的青年干部，只有放下身段，进一步拜基层为师、拜实践为师，才能"读懂中国""读懂人生"，进而才能正确地"书写伟大中国""书写精彩人生"。只有这样，青年教育也才能接地气，见实效。

四、习近平关于青年教育的重要思想的现实践履

理论的生命力在于实践，实践也离不开理论的指导。要保证新时代青年工作的正确方向与科学实践，必须以科学的青年理论为指导。党的十八大以来，习近平从实现中华民族伟大复兴的战略高度出发，对青年教育的意义和内容，对青年成长的目标和道路等方面作了许多深刻的论述，形成了系统的青年教育思想，是新时期教育培养青年、促进青年全面发展行动指南。如何引导青年坚定认同中国特色社会主义，牢固树立"四个自信"，深刻领会"五位一体总体布局""四个全面战略布局""五大发展理念"精神，自觉践行社会主义核心价值观，用中国梦激扬自己的青春梦，是新时代对青年教育工作的新要求。认真落实习近平的青年教育思想，必须针对现实中存在的不足，着重从以下几个方面加以改进。

（一）青年教育要理直气壮突出政治性

自中国共产党成立以来，党中央一直把青年教育工作摆在突出位置，形成了优良的传统，取得了显著的成效。尤其是党的十八大以来，社会主义精神文明建设持续推进，意识形态领域主流呈现积极健康向上，广大青年对以习近平同志为核心的党中央坚决拥护，对党中央治国理政新理念新思想新战略高度认

---

① 习近平. 在同各界优秀青年代表座谈时的讲话［N］. 人民日报，2013 - 05 - 05 (2).

同，对中国特色社会主义事业和中华民族伟大复兴的中国梦充满信心。但是也要看到，在青年教育的现实工作中，还存在不愿讲政治，甚至有意"去政治化"的现象，以及用所谓的"价值中立"为理由淡化政治色彩的做法。在学校教育中，教师们往往更注重学生的智育和技能培养，忽视他们的德育，普遍存在重教书轻育人、重业务轻政治的现象。在家庭生活和社会实践中，虽然比较注重青年的综合素养和品德修养，但普遍忽视了对他们的政治认同教育。各种因素导致一部分青年政治热情不高，政治意识不强，政治认同不够，这是目前青年教育中最严重的问题。

青年教育需要理直气壮地突出政治性。首先，要在广大青年中加强以中国梦为核心的理想信念教育。习近平2013年在给华中农业大学"本禹志愿服务队"的回信中讲到："历史和现实都告诉我们，青年一代有理想、有担当，国家就有前途，民族就有希望。"① 他在提出实现中华民族伟大复兴的中国梦时，特别强调中国梦是历史的、现实的，也是未来的；是我们这一代的，更是青年一代的。中国梦的实现既需要当代人艰苦奋斗，更需要青年一代接力前行。如果青年一代没有实现中国梦的远大理想和坚定信念，中华民族伟大复兴的事业就不可能完成。其次，要在广大青年中加强社会主义核心价值观教育。习近平高度重视对青少年的核心价值观教育，认为各级各类机构都要积极协同开展工作形成教育合力，而且还对不同群体提出了不同的教育要求。如针对低年级学生，他要求其"记住要求、心有榜样、从小做起、接受帮助"；针对高年级的学生则要做到"勤学、修德、明辨、笃实"，并"从现在做起、从自己做起，并身体力行将其推广到全社会去"② 党的十八大首次提出"把立德树人作为教育的根本任务"，关键就是要把广大青年培养成为社会主义核心价值观的坚定信仰者、积极传播者和模范践行者。如果没有广大青年对中国特色社会主义的政治认同，我们的青年教育就只能说是完全失败的。

（二）青年教育要与时俱进体现时代性

随着我国各个领域改革的深化推进和社会主义市场经济的飞速发展，以及

① 习近平.给华中农业大学"本禹志愿服务队"回信［N］.人民日报，2013-12-06（1）.

② 习近平.把培育和弘扬社会主义核心价值观作为凝魂聚气强基固本的基础工程［N］.人民日报，2014-02-26（1）.

网络信息技术的日新月异，青年的思想状况也在不断发生深刻变化，他们的个性化、差异化、多样化等时代特征显著增强。但在我们青年教育工作实践中，还普遍存在教育内容陈旧老化、教育方法因循守旧的问题，表现为跟不上社会形势的变化，满足不了青年发展的需求。尤其是近年来，受到"经济下行""道德滑坡"等消极言论和"历史虚无主义""新自由主义"等社会思潮的影响，以及西方一些所谓的"普世价值"观、"司法独立"论等极大地冲击着青年的思想道德和价值观的培育，加上青年面临的学习、就业和发展压力加大，部分青年产生了一些思想上的困惑和不安，出现了所谓的"时代之困"。如何有效应对新形势，解决青年群体中出现的这些新问题，只有与时俱进，充分体现青年教育的时代性。

青年教育体现时代性，既要注意教育内容的不断更新，也要重视教育方法与途径的与时俱进。当代青年是时代的"弄潮儿"，看不到他们身上的时代烙印，就无法真正了解他们的内心世界和真实需求。作为原住民，互联网时代为他们的全面发展提供了更为宽阔的时代背景和空间平台，但是同时基于扁平化、碎片化、多元化、去中心化等特征，互联网技术必然对传统组织形态和社会结构进行一定的解构和重构，这导致青年的情感认知、话语表达、思维特质、生活观念、行为方式等呈现出鲜明的网络化特征。互联网时代要求青年教育必须与网络载体紧密结合起来，例如利用"两微一端"在网络圈群中进行青年教育，就已成为大家的共识，许多学校和机构还作出了积极的探索。许多高校十分重视辅导员通过撰写原创博文在博客中对学生进行引导，上海先后出版了《"博"导人生》和《"博"出精彩》两本高校辅导员优秀博客文集，展示了青年教育与时俱进的鲜明特色和成功经验。中国人民大学马克思主义学院推出的"别笑，我是思修课"的微信公众号也受到了广大学生的关注和好评。

（三）青年教育要润物无声凸显民族性

青年教育凸显民族性要求在青年中加强我国优秀传统文化教育，目的就是要培养青年一代的文化自信心和民族自豪感。虽然中华民族创造了辉煌的历史，中华文明源远流长，但是自从鸦片战争以来，百年的民族屈辱史使我们看到了传统文化中存在的不足。在特定的历史背景下，有识之士深入批判以儒家思想为代表的传统文化，号召虚心学习西方以科学技术为核心的工业文明，中国共产党回应时代需求，引进了马克思列宁主义作为我国革命、建设和改革的指导思想。不可否认，在一段时间里，我们对中华民族的传统文化是不自信的，导致我们对青年一代的教育也不太重视民族特色的传承。在向外学习的过程中，我们往往舍了自己的"本"去逐西方的"末"，丢失了民族文化最根本的东西，较多表现出一些"崇洋媚外"的倾向。如何润物无声地凸显民族性，潜移默化地影响下一代，让广大青年真正接受中华民族所要求的情感、规范和目标，真正认同传统文化所蕴含的智慧、思想和理念，并将其内化为自己的价值体系，再外化为自觉的言行举止，这是在青年教育中需要高度重视并致力改进的地方。

青年教育既要有全球眼光和国际视野，更要有民族特色和文化传承。一个国家有没有前途，一个民族有没有希望，关键在于他们的青年。美国学者亨廷顿认为："人民之间最重要的区别不是意识形态、政治的或经济的，而是文化的。"① 随着中国特色社会主义伟大事业的不断推进，我们发现西方的文明也存在一些不足，并且外来的东西不一定适应中国的土壤，中华民族传统文化的精华却历久弥新，具有很大的潜在价值。习近平在纪念孔子诞辰 2565 周年国际学术研讨会上的讲话中就指出："中国优秀传统文化中蕴藏着解决当代人类面临的难题的重要启示……中国优秀传统文化的丰富哲学思想、人文精神、教化思想、道德理念等，可以为人们认识和改造世界提供有益启迪，可以为治国理政提供有益启示，可以为道德建设提供有益启发。"② 我们的青年一代应该能从我国优秀的传统文化精华中汲取巨大的正能量。我们可以在学校教育中加重传统文化的分量，也可以通过新闻媒体大力宣传民族精粹，各类社会组织也应该在青年教育凸显民族性中发挥作用。

（四）青年教育要立足实际加强实践性

在青年教育中，社会实践是帮助青年认识自己、了解社会、提高社会责任感、提升社会适应能力的有效途径。正如毛泽东在《人的正确思想是从哪里来的?》一文中所指出的："一个正确的认识，往往需要经过由物质到精神，

---

① ［美］塞缪尔·亨廷顿. 文明的冲突和世界秩序的重建［M］. 周琪等译. 北京：北京新华出版社，2002：6.

② 习近平. 在纪念孔子诞辰 2565 周年国际学术研讨会暨国际儒学联合会第五届会员大会开幕会上的讲话［N］. 人民日报，2014 - 09 - 25（2）.

由精神到物质，即由实践到认识，由认识到实践这样多次的反复，才能够完成。"① 现在许多高校和有关社会组织有意识、有计划地给青年安排的一些社会实践活动，例如专业的实习实践、广泛的社会调研、对老少边穷地区的支教、周末的社会兼职、青年志愿者组织的公益活动等，都具有良好的效果。广大青年通过积极参加志愿服务和公益活动，体会到服务社会奉献他人给自己带来的快乐；通过深入开展社会调查活动，进一步感知国情民意，从而加深作为公民的社会责任感；通过主动参与毕业实习，在工学结合中充分展示自己的专业技能，提升个人的动手能力和综合素质。这些社会实践活动，也能让青年发现自己知识的不足和能力的欠缺，看到自身和社会需求的差距，从而客观地摆正个人的位置，找到前进的方向和努力的目标。但是因为客观存在的一些限制因素，社会实践在青年教育中的运用还不够广泛深入，需要采取措施进一步加强。

在青年教育中，各类学校和社会组织应积极创造条件营造良好氛围，鼓励青年深入开展社会实践。近日，教育部发布了《中小学综合实践活动课程指导纲要》，对综合实践活动课程作出了详细的指导，虽然这只是针对中小学作出的规范，但对高校同样具有借鉴意义，必将对广大青年参加社会实践产生积极的促进作用。青年教育必须通过实践的途径，以解决他们将来实践中可能遇到的问题为目的。组织青年进行社会实践必须立足实际，坚持问题导向，增强问题意识，从青年的真实生活和发展需要出发，注重引导青年在活动中体认、践行社会主义核心价值观，着力培养青年的创新精神，不断提升青年的实践能力。在青年教育工作中，可以通过考察探究、社会服务、设计制作、职业体验等活动方式，使青年在与大自然的接触及多彩的社会生活中获得丰富的实践经验，从而形成对自然、社会和自我之间相互联系的整体认知，逐步提升价值体认和责任担当等方面的意识，增强问题解决和创意物化等方面的能力。

正如习近平在十九大报告中所言：全党要关心和爱护青年，为他们实现人生出彩搭建舞台，因为中华民族伟大复兴的中国梦终将在一代代青年的接力奋斗中变为现实。青年教育工作关系到国家的未来和民族的希望。只有以习近平关于青年教育的重要思想为指导，积极回应新时代的新要求，针对目前工作中

---

① 毛泽东文集（第 8 卷）［M］. 北京：人民出版社，1999：321.

存在的问题和不足，理直气壮地突出政治性、与时俱进地体现时代性、润物无声地凸显民族性、立足实际地强调实践性，才能实现促进青年健康成长和全面发展的远大目标，为我们伟大的事业培养出合格的建设者和可靠的接班人。

后　记

这是我的第一本专著，估计也是最后一本，我希望它是我的唯一。

我是湖南人，我为此感到骄傲。从古到今，尤其是 1840 年以来的中国近代史中，湖南人才辈出，无论是政治舞台还是文化领域，有很多老乡让我以作为一个湖南人而感到自豪。在文化方面，我很佩服沈从文先生，他的学生汪曾祺在《沈从文的寂寞》一文中写到：

四十年前，我和沈先生到一个图书馆去，站在一架一架的图书面前，沈先生说："看到有那么多人写了那么多书，我真是什么也不想写了！"古往今来，那么多人写了那么多书，书的命运，盈虚消长，起落兴衰，有多少道理可说呢。

（载一九八四年第八期《读书》）

这段话给我的印象很深刻，所以特意引用一下。其实不想著书立说的观念我早就有了，追溯起来，应该是受到老子"述而不作"故事的影响。面对文化的长河，大师如沈从文都这么谦卑，何况我辈无名小卒呢？

之所以还是决定出版这本专著是因为写这本书太不容易了。前前后后，如果以我博士论文选题报告的撰写为时间节点，从 2014 年 10 月算起，这本书我写了整整 6 年半，真有点"十年磨一剑"的沧桑感。子在川上曰："逝者如斯夫，不舍昼夜"。站在五十知天命的人生旅途，回首逝去的芳华，经过岁月的洗礼，我不该留下点什么吗？也不敢奢望它能传世久远，但作为以往求学耕耘的一个见证，我还是认真对待的。

我像大多数 70 后一样来自农村，父母亲都是农民，从小亲近大自然，对故土有一种融入血液里的眷恋。虽然为了生活在城市里打拼，但我一直认为，乡村美好的环境，人与自然的和谐共处才是我们的精神家园。读硕士研究生时，我学的是法理学专业，师从李爱年教授，研究方向是环境保护法，希望用法律来保护绿水青山。读博士研究生时，我学的是思想政治教育专业，选的是大学生生态文明教育研究方向，希望提高年轻一代的生态文明素养来建设美丽中国。长期以来，我积极参与生态环境保护志愿者活动，担任湖南省生态保护志愿服务联合会生态文明公益宣讲团副团长，作为兼职律师多次服务省内环境公益诉讼。无论是法律保护，还是思想教育，无论是理论研究，还是社会实践，我都对自己在这方面的投入乐此不疲，虽然收效甚微也无怨无悔。

多年来，本人围绕"大学生生态文明教育"这个主题，立项主持了"大学生生态文明教育研究""马克思主义生态观教育研究"等教育部课题1项和省级课题多项，公开发表了相关学术论文10余篇，并把这些研究成果融入到思想政治理论课教学改革中，在本人主持的湖南省职业教育精品课程"形势与政策"中还开设了"生态文明建设"专题教育，产生了良好的社会效益。

需要说明的是，在写作过程中，本书吸收了国内外学者的一些研究成果，并在参考文献中逐一做了标注，在此深表由衷的谢意。本书作为前期研究成果的一个归纳，在某些方面可能有点落后于本研究领域的最新发展，加之本人水平有限，难免会有一些缺点和错误，敬请专家、学者和读者不吝赐教。

最后，我要由衷地感谢我的导师中南大学马克思主义学院刘新庚教授，是他的精心指导让我不忘初心，方得始终，在这个研究方向层层深入，略有所获。我还要特别感谢湖南商务职业技术学院马克思主义学院孙长坪教授的大力支持。

骆清

2021 年 5 月于长沙